DONGBEI ｜ HUAHUI ｜ XIECUI

东北花卉撷萃

眭彤宇　田宪锋　于红伟　编著

U0351602

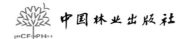

中国林业出版社

图书在版编目（CIP）数据

东北花卉撷萃 / 眭彤宇，田宪锋，于红伟编著 .
—北京 : 中国林业出版社 , 2018.8
ISBN 978-7-5038-9699-6

Ⅰ . ①东… Ⅱ . ①眭… ②田… ③于… Ⅲ . ①花卉 –
观赏园艺 – 东北地区 Ⅳ . ① S68

中国版本图书馆 CIP 数据核字（2018）第 182395 号

责任编辑：何增明　邹爱

出版　中国林业出版社（100009　北京市西城区德胜门内大街刘海胡同 7 号）
　　　http://lycb.forestry.gov.cn　电话：（010）83143571
印刷　北京中科印刷有限公司
版次　2018 年 11 月第 1 版
印次　2018 年 11 月第 1 次
开本　880mm × 1230mm　1/32
印张　6.5
字数　200 千字
定价　49.00 元

编著：眭彤宇　田宪锋　于红伟
摄影：眭彤宇　田锡存　涂英芳
校对：涂英芳　眭彤宇
设计：涂英芳

　　我们是最基层的林业工作者，多年来踏遍东北山山水水，为不枉于亲临实地的经历，决定将多年积累资料汇于一书。本着一颗诚挚的心，欲激发人们热爱大自然、回归大自然的灵感，尤其是想让更多的园艺爱好者了解东北这块黑土地上亦有极其丰富的花卉资源，亦让黑土地的人们不仅了解自己的家园并将掌握南花北养的某些技艺，从而使我们的生活变得愈发灿烂多彩。于是，《东北花卉撷萃》应运而生。书中附有彩色照片498幅，并将书做成便携式工具书样，使之更接地气，更具人气，将对科技工作者从事分类、采集药材、花卉种养提供素材与参考资料。

　　本书粗略地介绍了在东北气候、环境条件下，如何莳养兰花、水仙花等的操作细节；展示了这块土地上盛开着姹紫嫣红各类花卉的照片，并诉说着如何合理利用与保护她们的衷言。希望通过书中竭尽朴实的语言、详尽而可操作性的阐述，让读者能有所收获。书中有关野生花卉及彩照都严格按傅沛云主编1995年12月版《东北植物检索表》系统排序和署名（珍稀濒危植物另排于后）。

基于撰稿者所处环境和工作条件及技术水平的限制，我们调查和拍摄多以长白山地区为对象，并且仍有不少遗漏和不足，愿在热心读者指教和我们不断的调研中逐渐完善。

在调查和撰稿过程中，承蒙多位导师热心帮助与指导，在此特表衷心感谢。

编著者

2018年3月

目录
contents

前言

东北花卉撷萃图谱 / 1

家养花卉系列 / 1

野生花卉系列 / 4

东北家养花卉技艺 / 103

兰花家养略聊一二 / 104

给兰一个春夏秋冬 / 105

对兰予以辩证管理 / 108

让兰得以健康成长 / 112

水仙家养三部曲 / 122

避光养根 / 122

向阳催蕾 / 124

降温保花 / 124

奇异的狭叶水塔花 / 125

常见花卉的繁殖与栽培 / 126

东北野生兰科植物简述 / 132

资源丰富的野生百合 / 136

长白山野生花卉明星轶事几则 / 141

野生款冬花首次在长白山北坡发现 / 141

目录
c o n t e n t s

平贝母有趣的生长方式 / 141

大丁草春花、秋花各异奇闻 / 142

不畏酷寒的那些常绿小草 / 143

园林配置中的长白山野生花木 / 144

种类纷繁的野生花卉 / 144

色彩斑斓的奇花异草 / 145

各种配置花木的形态特征 / 146

适宜草地（花坪）配置的各类花卉 / 146

适宜湿地配置的各类花卉 / 154

适宜水地配置的各类花卉 / 159

适宜台、坡地配置的各类花木 / 160

用野生观赏植物按其习性进行园林配置 / 173

草地（草坪）的配置 / 174

花境的配置 / 175

自然山水园的配置 / 176

长白山珍稀濒危植物及其保护 / 179

主要参考文献 / 199

家养花卉系列

001 春兰·宋梅

002 春兰·瑞梅

003 建兰·观音素

004 建兰·银针素

05 建兰·宝岛仙女

09 墨兰·企剑白墨

07 建兰·金荷

08 建兰·日之初

06 建兰·四季彩虹

10 寒兰·银边寒兰

11 水仙

12 狭叶水塔花

野生花卉系列

蓼科

13 蓼科 · 肾叶高山蓼

14 毛叶两栖蓼

15 东方蓼

16 桃叶蓼

17 香蓼

18 酸模叶蓼

19 两色蓼

20 松江蓼

21 石生蓼

22 倒根蓼

23 耳叶蓼

26 沼地蓼·花

24 穿叶蓼

25 沼地蓼

27 戟叶蓼

石竹科

28 石竹科 · 卷耳

30 头石竹

29 莫石竹

31 瞿麦

32 簇茎石竹

33　石竹（东北石竹）

34　丝瓣剪秋罗

35　大花剪秋罗（宽瓣剪秋罗）

36　女娄菜

37　兴安女娄菜

毛茛科

40 黄花乌头

41 蔓乌头
（狭叶蔓乌头）

38 毛茛科·紫花乌头（雾灵乌头）

39 吉林乌头

42 缠绕白毛乌头

43 鸭绿乌头

45 辽吉侧金盏花

44 薄叶乌头

46 二歧银莲花

47 多被银莲花

48 黑水银莲花

49 阴地银莲花

51 黄花尖萼
楼斗菜

52 长白楼斗菜

50 尖萼楼斗菜

53 驴蹄草

54 大三叶升麻

55 单穗升麻

56 绵团铁线莲

57 辣蓼铁线莲

58 紫花铁线莲

60 宽苞翠雀

59 齿叶铁线莲

61 獐耳细辛

62 白花掌叶白头翁

63 兴安白头翁

64 朝鲜白头翁

66 毛茛

65 回回蒜毛茛

67 单叶毛茛

68 翼果唐松草（翅果唐松草）

69 长瓣金莲花

70 短瓣金莲花

小檗科

71 小檗科·朝鲜淫羊藿

72 鲜黄莲

睡莲科

74 睡莲

73 睡莲科 · 莲

金丝桃科

76 金丝桃科 · 长柱金丝桃

芍药科

75 芍药科 · 草芍药（卵叶芍药）

77 短柱金丝桃

78 乌腺金丝桃

79 乌腺金丝桃
（蒴果）

80 罂粟科·白屈菜

罂粟科

81 齿瓣延胡索

83 东北延胡索

82 多裂齿瓣延胡索

84 齿裂东北延胡索

85 珠果紫堇

86 狭裂珠果紫堇

88 荷青花

87 荷苞牡丹

90 黑水罂粟

89 白山罂粟

十字花科

93 香芥（香花草）

92 白花碎米荠

91 十字花科·荠菜

95 糖芥

94 小花花旗杆

景天科

97 长药八宝
（长药景天）

96 景天科·珠芽八宝

100 费菜

99 毛景天

101 宽叶费菜

虎耳草科

102 虎耳草科 · 落新妇

103 朝鲜落新妇

104 异叶金腰（华金腰子）

105 东北溲疏

106 梅花草

108 东北山梅花

107 菫叶山梅花

110 土庄绣线菊

蔷薇科

111 金州绣线菊

109 蔷薇科·绣线菊
（柳叶绣线菊）

112 龙芽草

113 东方草莓

114 水杨梅

115 蔓委陵菜

116 狼牙委陵菜

117 翻白委陵菜

118 委陵菜

122 伞花蔷薇

119 光叉叶委陵菜

121 莓叶委陵菜

120 伏委陵菜

123 山刺玫（刺玫蔷薇）

124 白花刺蔷薇

125 北悬钩子

126 大白花地榆

127 小白花地榆

129 直穗粉花地榆

130 山楂（花）

131 山楂（果）

128 垂穗粉
花地榆

132 无毛山楂

133 山荆子

134 秋子梨（山梨）

137 欧李

135 稠李

138 郁李

136 毛樱桃

139 长梗郁李·花

140 长梗郁李·果

141 东北李

142 西伯利亚杏（山杏）

143 东北杏

144 榆叶梅

豆科

145 豆科·紫穗槐

147 花木蓝

146 黄耆（东北黄芪）

148 大山黧豆

150 五脉山黧豆

149 矮山黧豆

152 胡枝子

151 三脉山黧豆

153 绒毛胡枝子

154 苜蓿（紫花苜蓿）

156 长白棘豆

155 细齿草木犀

157 刺槐

158 野火球

159 白车轴草

161 黑龙江野豌豆

160 红车轴草

162 大叶野豌豆

164 广布野豌豆

163 山野豌豆

165 歪头菜

酢浆草科

166 酢浆草科·山酢浆草（酸浆）

167 三角酢浆草

169 毛蕊老鹳草

牻牛儿苗科

170 北方老鹳草

168 牻牛儿苗科·牻牛儿苗

171 突节老鹳草

172 线裂老鹳草

173 兴安老鹳草

174 朝鲜老鹳草

175 鼠掌老鹳草

芸香科　　凤仙花科

177 凤仙花科 · 凤仙花

176 芸香科 · 白鲜

卫矛科

178 水金凤

179 卫矛科 · 南蛇藤

181 白杜卫矛 · 蒴果

180 白杜卫矛 · 花

182 锦葵科 · 苘麻

锦葵科

185 大花葵

183 野西瓜苗

184 野西瓜苗 · 果

堇菜科

186 堇菜科·东方堇菜

187 堇菜

188 鸡腿堇菜

189 裂叶堇菜

191 球果堇菜

190 总裂叶堇菜

192 东北堇菜（铧头草）

193 紫花地丁

194 兴安圆叶堇菜

197 斑叶堇菜

195 深山堇菜

196 辽西堇菜

198 白花堇菜

千屈菜科

柳叶菜科

200 柳叶菜科·柳兰

199 千屈菜科·千屈菜

201 柳叶菜

202 水湿柳叶菜

203 月见草

山茱萸科

204 山茱萸科·红瑞木

伞形科

205 伞形科·朝鲜当归
（全叶独活）

207 蛇床

206 毒芹

208 水芹

209 石防风

210 紫花变豆菜

212 窃衣

211 泽芹

鹿蹄草科

213 鹿蹄草科·喜冬草

215 红花鹿蹄草

214 单侧花

216 兴安鹿蹄草（圆叶鹿蹄草）

217 杜鹃花科·大字杜鹃

杜鹃花科

220 迎红杜鹃

218 小叶杜鹃

219 兴安杜鹃

221 笃斯越橘

222 报春花科·点地梅

报春花科

223 黄连花

225 珍珠菜

224 狼尾花

226 樱草（翠南报春）

227 粉报春

229 七瓣莲

228 箭报春

230 木犀科·连翘

木犀科

231 卵叶女贞

232 暴马丁香

233 辽东丁香

234 紫丁香

龙胆科

236 金刚龙胆

237 东北龙胆

235 龙胆科·三花龙胆

238 龙胆

239 高山龙胆

241 鳞叶龙胆

240 笔龙胆

242 回旋扁蕾

243 淡花獐芽菜

244 瘤毛獐芽菜

睡菜科

245 睡菜科 · 荇菜（莲叶荇菜）

萝藦科

246 萝藦科 · 萝藦 · 花

247 萝藦 · 果实

248 茜草科 · 卵叶车叶草

茜草科

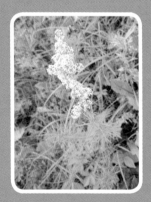

249 拉拉藤

250 蓬子菜拉拉藤

旋花科

252 旋花科·打碗花

花葱科

251 花葱科·花葱

253 日本打碗花（滕长苗）

255 牵牛

254 圆叶牵牛

紫草科

256 紫草科·勿忘草

唇形科

257 唇形科·藿香

258 风车草（风轮菜）

259 光萼青兰

260 海州香薷

261 香薷

262 活血丹（连钱草）

263 夏至草

264 大花益母草（錾菜）

266 细叶益母草

265 假大花益母草

267 益母草

268 薄荷

269 朝鲜荆芥

270 东北夏枯草（夏枯草）

274 百里香

271 黄芩

272 京黄芩

273 华水苏

茄科

玄参科

275 茄科·曼陀罗

278 玄参科·通泉草

276 挂金灯酸浆（红姑娘）

277 龙葵（黑天天）

279 山萝花

280 旌节马先蒿

281 大野苏子马先蒿
（大花马先蒿）

282 轮叶马先蒿

283 松蒿

284 细叶婆婆纳

285 东北婆婆纳

286 长尾婆婆纳

287 长毛婆婆纳

288 轮叶腹水草
（轮叶婆婆纳）

列当科

289 列当科·列当　290 黄花列当

透骨草科

291 透骨草科·透骨草

忍冬科

293 金银花（忍冬）

292 忍冬科·北极花（林奈草）

294 蓝靛果忍冬

295 早花忍冬

296 金银忍冬

297 黄花忍冬

298 桃色忍冬

300 鸡树条荚蒾

299 紫枝忍冬

301 锦带花

302 早锦带花

败酱科

305 北缬草

303 败酱科·败酱

304 岩败酱

桔梗科

川续断科

306 川续断科·华北蓝盆花

307 桔梗科·轮叶沙参

308 狭叶沙参

309 紫斑风铃草

310 红紫斑风铃草

311 聚花风铃草

312 单花风铃草

313 党参（轮叶党参）

314 羊乳

315 雀斑党参

316 山梗菜

317 桔梗

318 白花桔梗

菊科

319 菊科·紫菀

320 三脉紫菀

321 翠菊

322 东风菜

323 一年蓬

324 山飞蓬

325 小飞蓬

327 飞蓬

328 兴安乳菀

326 长茎飞蓬

329 狗娃花

330 全叶马兰（扫帚鸡儿肠）

331 山马兰

332 裂叶马兰

333 朝鲜一枝黄花

334 女菀

335 柳叶旋覆花

336 线叶旋覆花

337 欧亚旋覆花

338 旋覆花

339 火绒草

341 柳叶鬼针草

340 金盏银盘

343 牛膝菊（辣子草）

342 鬼针草（婆婆针）

344 菊芋

345 毛稀莶

346 齿叶蓍（单叶蓍）

347 高山蓍（蓍草）

348 短瓣蓍

349 万年蒿

350 小山菊（高山扎菊）

351 同花母菊

352 复序橐吾

353 蹄叶橐吾

354 橐吾（北橐吾）

355 麻叶千里光
（麻叶返魂草）

356 羽叶千里光

357 兔儿伞

358 红轮狗舌草
（红轮千里光）

359 长白狗舌草

360 狗舌草

361 北狗舌草

362 宽叶蓝刺头

363 牛蒡

364 关苍术

365 丝毛飞廉

366 刺儿菜

367 大刺儿菜（大蓟）

368 绒背蓟

369 林蓟

370 野蓟

371 烟管蓟

372 风毛菊

373 球花风毛菊

374 乌苏里风毛菊

375 羽叶风毛菊

377 大丁草·春花

376 伪泥胡菜

378 大丁草·秋花

379 大丁草瘦果

380 猫儿菊（黄金菊）

381 屋根草

382 山苦菜

383 苦荬菜

384 抱茎苦荬菜

385 毛脉山莴苣

386 山莴苣

387 兴安毛连菜

388 笔管草

389 苣荬菜

390 苦苣菜

391 白花蒲公英

392 东北蒲公英

394 异苞蒲公英

393 戟片蒲公英

395 款冬花

百合科

397 山韭

396 百合科·球序韭

398 南玉带

399 铃兰

400 宝珠草

401 猪牙花

402 小顶冰花

403 朝鲜顶冰花

404 北黄花菜

405 小黄花菜

406 大苞萱草

407 卵叶玉簪

408 毛百合

409 渥丹

410 有斑百合

411 渥金

412 卷丹

413 山丹（细叶百合）

414 垂花百合

415 东北百合（轮叶百合）

416 二叶舞鹤草

417 小玉竹

418 玉竹

419 绵枣儿

420 白花延龄草
（吉林延龄草）

421 尖被藜芦
（光脉藜芦）

雨久花科

鸢尾科

423 鸢尾科·射干

422 雨久花科·雨久花

424 野鸢尾（射干鸢尾）

425 山鸢尾

426 白花马蔺（马蔺）

428 单花鸢尾

427 紫苞鸢尾

429 溪荪

430 玉蝉花

431 燕子花

432 长白鸢尾

433 粗根鸢尾

鸭跖草科

434 鸭跖草科·鸭跖草

435 疣草

兰科

438 大白花杓兰

436 兰科·斑花杓兰

439 杓兰

437 大花杓兰

440 小斑叶兰

441 手掌参

442 十字兰

443 曲唇羊耳蒜

444 北方羊耳蒜

445 羊耳蒜

446 沼兰

447 二叶兜被兰

448 二叶舌唇兰

449 绶草

451 小花蜻蜓兰

450 蜻蜓兰

452 松杉灵芝

珍稀濒危类

453 温泉瓶尔小草
（尖头瓶尔小草）

454 分株紫萁
（桂皮紫萁）

457 东北红豆杉（紫杉）

455 对开蕨（东北对开蕨）

458 东北红豆杉·果

456 长白松

459 胡桃楸

460 钻天柳

461 长白米努草

462 高山石竹

464 长白乌头

463 天女木兰

465 高山乌头

466 侧金盏花

467 匍枝银莲花

468 高山铁线莲

469 长白金莲花

470 芍药

471 齿瓣延胡索（线裂东北延胡索）

472 圆叶南芥

473 钝叶瓦松

474 长白红景天

475 高山红景天

476 山荷叶

477 宽叶仙女木

478 玫瑰

480 兴安黄耆

479 东北扁核木

481 野大豆

482 黄檗（黄菠萝）

483 刺参

484 人参

486 细叶杜香

485 岩茴香

487 松毛翠

488 牛皮杜鹃

489 苞叶杜鹃

492 白山龙胆

490 毛毡杜鹃

491 水曲柳

493 并头黄芩

494 海滨柳穿鱼

496 长白婆婆纳

495 狭叶山萝花

497 展枝沙参

498 平贝母

东北家养花卉技艺

东北地区家庭环境和南方截然不同，只要稍加留意，就会发现东北家家户户各种盆花于窗台满满，目不暇接。该地之所以如此热衷养绿植，不外乎东北大地将近半年都看不到一点绿色，人们对绿色的向往只有寄托在家中使然。在家中养点花卉远不止满足这点精神享受，对人们的健康长寿更有益。在当今信息技术飞速发展的时代，人们整天趴在办公桌的电脑前工作，不妨在上网的间隙也走向窗台绿植前停留片刻，让眼睛、头脑甚至四肢也得到一次舒展；老年人亦可在栽花翻盆间活动活动筋骨，待你见到那些新植萌芽、绽蕾，那种愉悦会让你活力无限！

有人说，花种多了会让家中空气更加混浊，因为花也要呼吸且放出二氧化碳。的确，植物是要进行呼吸，吸进氧气呼出二氧化碳。但绿色植物对于维持大气碳循环具有重要作用。绿色植物利用太阳能，将二氧化碳和水合成有机物，并释放氧气。绿色植物通过光合作用每年向大气释放 5.53×10^{11}t 氧气，它是地球上一切需氧生物氧气的来源。大气中二氧化碳的释放，主要来自地球上各种物质的燃烧、火山爆发、动植物的呼吸以及微生物对动植物残体的分解。大气中二氧化碳的吸收和释放一般趋于动态平衡。植物呼吸所放出的二氧化碳相较于光合作用所放出的少之又少。如果你在家中养花时，只要注意适时收拾残花败叶、清理剩水浮尘，营造一个洁净而清新的小环境，清晨你可迎着太阳得以吐故纳新，傍晚那是你舒筋养眼的好去处。

盆花的摆放也有学问，尽量将那些大型木本或草花放在客厅阳台，而那些小巧可人的多肉微型盆和那些更适于睡眠的诸如薄荷之类的小型盆花放在卧室。

翻盆移花也要有区别。对于一些长势快而硕大的花木，如橡皮树、吊兰等，你若不想经常换盆，则可在基质上作点文章，只将那些用过的花土稍加改良再将填土种上即可。反之，对于那些长势慢而娇小的花则可采用上好的养料精心呵护，从而满足种花人的心愿，减去一些翻盆之劳。

◎ 兰花家养略聊一二

东北冬季天寒地冻，大地无常绿天然生长的兰花种类，部分人对兰花的概念有些模糊，总以为花名带"兰"字的就是兰花。本文所谈兰花并不是那些以兰为名的草本花卉，如吊兰、君子兰、鹤望兰等和木本的玉兰、米兰、广玉兰、丝兰以及藤本的球兰等，也不是那些雍容华贵的洋兰，而是中国兰，即兰属（*Cymbidium*）植物中的一部分地生种。

兰花是世界名花，又是中国传统十大名花之一。中国兰虽无华美的外观，又无迷人的芳香，千百年来人们却为她幽雅的神态和清淡的芳香所倾倒。早在2400年前的春秋时代，中国文化先师孔子曾说："芷兰生幽谷，不以无人而不芳，君子修道立德，不为穷困而改节"。唐代诗人李白诗曰："幽兰香风远，蕙草流芳根"。张学良以赞兰、爱兰之心写有《咏兰》一诗："芳名誉四海，落户到万家。叶立含正气，花妍不浮华。常绿斗严寒，含笑度盛夏。花中真君子，风姿寄高雅"。可见，从古到今人们都把兰花视为高洁、典雅、坚贞，极具浓郁中华民族韵味的象征花，并寄予珍爱、惜养的情感，进而陶冶情操，甚至达到入迷的境地。

兰虽让人珍爱，养兰却并不是一件容易的事。于是，栽兰指导书籍便应运而生。栽兰古籍远在南宋末年，当南宋迁都杭州之后，养兰之风相当盛行时，便有赵时庚的《金漳兰谱》（1233）和王贵学的《兰谱》（1247）问世。此后，直至本世纪初，不同形式、内容的兰花书籍都先后出版。也许中国兰的原产地就在中国中南部，这些兰书的作者便多以当地生态环境为背景，讲述了与其相应的栽培管理方法。但地域不同，气候各异，其环境也不尽相同，故栽培兰花必须因地制宜，因种而别，创造出适合于本地区所处养兰环境的最适宜方法。东北黑土地的人们，在漫长寒冷气候的环境中，很早就有家庭养花的习惯。近年来，受兰文化和邻国环境的熏染，对国兰的爱慕之情与日俱增，养兰之风呈上升趋势。本文便想从东北实地实养出发，聊聊家养兰花的点点滴滴。

给兰一个春夏秋冬

　　兰花的原产地虽在中国的中南部，但东北地区养兰亦有它独特之处。首先，东北的夏季较南方要凉爽适宜，超出兰花适宜生长温度不过几度而已；另外，东北在夏秋季节，昼夜温差多在10℃左右，这也是兰花生长所喜爱的气温变化。东北养兰的致命点是，几乎不给兰花生长休养生息的时间。尤其是该地区有很大部分的住户冬天是采用地暖取暖。冬天室内气温多在26℃以上，加上骄阳高照，阳台上的气温可达30℃以上，使夏秋生长旺盛的兰花毫无喘息的机会，往往给兰花的生长带来莫大的伤害。自始至终的高温环境使兰花一直处于营养生长的阶段，无营养积累，孕蕾也就无指望。特别是墨兰，冬季气温高，即使秋天已孕蕾，也会干萎而不伸长；对春兰危害更甚，不仅花蕾得不到伸长、绽放，对第二年的生长也影响极大。基于东北气候的特点和生长的环境，我们应当扬长避短，给兰创造适宜的环境，送给它类似生长地的春夏秋冬，这是东北养兰十分关键的问题。

创造适宜兰花生长的环境

　　如果你对兰花情有独钟，决心将养兰进行到底，那首先要给兰花创造一个适宜它生长的环境。

　　当你在装修房子的时候，要把养兰事宜放在一定位置给予考虑。最好在冬天安排几个温度档次不同的地方：低温温室、中温温室和高温温室。低温温室即可利用各家阴面的贮藏室。在阴面贮藏室临玻璃一面，冬天最低温度可达0℃以下；但临室内一面冬天温度维持在0~5℃。这样，冬天的休眠地就有着落了。在客厅与阳台之间最好做一个隔断。客厅内就是高温温室，如果养洋兰也有安全避寒之处。阳台在客厅的隔断之外，它与客厅的隔断位置采用拉门，在冬季可用拉门调节气温的高低。当外界气温达到-20℃以下，夜晚可利用拉门的开度大小控制阳台的温度，不致使兰花冻坏。当白天骄阳高照时，阳台的温度在室内暖气与室外太阳直射的夹击下，温度不仅不低反而会上升至30℃以上，这也是必须关注的事情。在这种情况下，夏天的遮光帘依然要拉下，使兰花避开这个不正常高温的袭击。若兰花不是太多，可尽量放在阳台的西边，只接受东方的光照。如果阳台冬季温度控制适宜，甚至可借此处让兰花安逸过冬。

在东北养兰依然要遵循兰花在冬季需要低温春化的阶段。在南方，大自然的兰花处于春化时期是空气湿度和土壤湿度最低的时期，我们室内养兰也必须努力创造相似的兰花生态环境。春化阶段空气湿度和土壤湿度不宜过高，气温最好控制在0～12℃，一般不低于-5℃和高于15℃的气温。春兰的春化温度一般低于其他类兰花。

以南方春夏秋冬的气温而言，东北冬季兰花的春化或休眠时间一般可控制在两个月左右（约在冬至到大寒期间）。当室内暖气温度达到18℃以上，就可以让兰花，尤其是春兰，移至低温温室台上（台架高可见到光为宜）。如果要解除休眠，兰盆不可突然从低温温室进入高温温室，必须有一个缓冲阶段。这里，兰盆可移入中温温室台上，即移入垂有遮光网的阳台西边。若你家没有冷藏室（低温温室）条件，那就务必要有阳台与客厅的隔断。此时，冬眠的任务就由阳台的窗户与隔断的调整来完成。上午，你可将阳台窗户开点缝（离最近的春兰20cm即可）。傍晚，临睡前再把窗户关上。如气温降至-20℃，则可用隔断门的开关调节晚上过寒气温的冲击。总之，可用窗户的开启和隔断门的调整，使冬季兰花白天不受高温的灼烤，晚上也不受寒风的侵袭，营造一个昼温不高、夜温不过寒而又昼高夜低、适宜兰花顺利过冬的生长气温条件。

创造兰花生长的适宜环境，除了气温以外，其实养兰的关键还在于它通风透气。有条件的家庭，可以在阳台安排气扇，解决春、冬房屋密闭，空气不流通的弊端。如若在夏秋，则尽量将兰盆放置纱窗前，既解决了通风透气的问题，又使兰花处于昼夜温差在10℃左右的环境下。

兰花喜爱柔和的光照。一些养兰人，视兰如宝，就怕晒坏了，有时竟然将兰放置电视机旁。先不说电视机对它的电磁辐射，在空气滞流的旮旮旯旯是菌类极易滋生的地方；而该处光照不足，不利兰花的光合作用，也就难以积累养分孕蕾放花。如若你住的是厢房，兰花摆在东窗前，是最理想的地方。如若住的是正房，兰花只好摆放在阳台，而且是阳台的西边。阳台东边接收的是西边的阳光，这儿夏季燥热，是介壳虫极易发生的地方。阳台的西边多接收东边柔和的光线，加上夏季遮光网的庇护，兰花在这儿生长显然比较合适。如无遮光网设备，夏季可将兰盆往后移至1m远的地方，有光即可。冬天的春化休眠阶段，温度与光照相对而言，光照便不再是主要矛盾了。

兰花的幽雅、飘逸几乎是依兰叶体现，惜叶尤其是叶尖，便是养兰者最关注的问题。兰花虽不喜湿，但喜润，尤其是喜欢空气的湿度偏高一些。基于此，养兰者总是在不断给兰叶喷雾。实际上在夏季炎热时，经常喷雾不仅可以让其降温，也可使兰叶润而不燥，不致焦尖。提高空气湿度的方法其实还有很多：如夏季可在阳台多洒些水（所以阳台地面要铺砖为宜）；可以将兰盆分插在一些喜水植物盆花之间或摆放在盆养蔬菜之后，夏天的遮光和提高空气湿度将迎刃而解；还可以在兰盆底盘盛足水；阳台常晾湿物也是一个不错的补湿举措……喷雾切记不要不分时机地进行，如在阴冷潮湿的环境或叶面不洁时，尽量不喷，有时喷雾会不小心将水滴入兰心，甚至是带灰的脏水，这样就会反其道而行之，给兰带来病害。其实夏天在兰花前种些喜水花卉或蔬菜是最佳选择，每天给这些盆栽浇水使空气的湿度达标，兰花几乎不会产生叶子黑尖现象。

延长兰花的生长季节

兰花生在南方，换一个东北的环境，不仅是水土不服，而且使适宜生长的季节也缩短了许多。往往从南方购来一丛气势恢弘、又高又壮的上等墨兰，可怎么伺候，它都不长高，终显不出原有的气势；也有些四季兰，在南方真能四季开花，至少三季有花。可它到了东北，就会枉称四季兰了，甚至一季开花都不是那么轻而易举的事……如此等等，究其原因，除了水土不服等其他一些因素，应当归结为生长季缩短了的缘故。

延长兰花生长季节可以从两个空档挖潜力。东北在暖气送来和撤走的两个阶段，是人们最难熬的时候，也是兰花生长温度不达标的时候，为了延长兰花的生长季，在这个阶段只要不影响通风透气的原则，应当适时关闭窗户，进行保温促兰继续生长。即室外白天气温在18℃以下，就要注意采取措施。在气温18℃上下，倘若骄阳高照，中午最好开启半扇窗门，让兰花透透气也未尝不可。

放置阳台低温温室春化休眠的兰花，时间也不宜过长，1~2个月就可移至中温温室，让它逐渐复苏成长，只是过渡时要注意有一个缓冲阶段，绝不要来一个温度的突升。

对兰予以辩证管理

养好兰花给它一个适宜的环境，这仅是一个最基本的条件，而正确的对它进行管理才是养好兰花的关键。兰花的种类、生长的环境，栽兰的盆、基质等，这些不同的因素总是在不断地变化着，栽兰者就要采用辩证的观点来对待，而不是千篇一律、一成不变地套用固定模式养植兰花。

不同的兰花种类对温度要求不同

我们这儿所讲的是兰属植物中的地生种，常见的有春兰、蕙兰、建兰、寒兰、墨兰。它们冬天对温度的要求不尽相同。春兰与蕙兰是最耐寒的，冬季要将它放置低温温室过冬，晚上约在5℃以下，有时短期在零下也不会冻死，反而会伸蕾绽放；建兰、墨兰、寒兰冬季虽也应放入低温温室，但晚上温度可在5℃以上。这样，我们在将兰花置入低温温室休眠时，则可以将春兰、蕙兰放置临近玻璃窗一面，而将建兰等种类，放在靠近卧室一边，以期满足不同种类兰花的休眠需求。但切记休眠的浇水时间要拉长到2～3倍，空气湿度亦不能过大。夏季，兰花在30℃以上不再生长，为了使它生长期长一点，给它一个适宜生长的环境，就需在置兰盆的一侧安上遮光网或竹帘，或将兰盆往后移1m左右的距离。

在东北养兰，一般春蕙和墨兰不易见花。其中主要原因是冬季没有低温，兰花得不到休养生息而过分劳累，来年生长就受到影响；或者秋天虽然孕蕾但遇到冬季高温干燥使干萎而不绽放。如冬季无低温条件，则最好养建兰，但冬季也得适当降温，否则四季都长，得不到喘息，最后也会衰败。

不同的兰花种类对光照的要求也不同

虽然兰花是喜阴植物，但对阳光的照射也是不可缺少的。阳光是它制造养分的能量来源，以充足的养分维持茂盛生长和繁花绽放。一些养兰爱好者视兰花的喜阴为不需要阳光，长期将它置于屋内，兰花在生长阶段所需要的光照不能得到满足，造成假鳞茎不强壮，叶子瘦弱，植株也不能形成叶芽与花芽。兰花的喜阴只意味着不愿接受夏日灼热的强光。东北春秋的阳光温暖宜人，同样宜兰生长，这时切不可错过晒兰的机会。夏天只要气温不在28℃以上，也就不用遮光；冬天在不升高休眠期温度的前提下，同样可以让它享受阳光的沐浴。

往往有些兰友为避免夏天兰花日灼危害，将兰盆放在北边阳台上，这时一定要注意北阳台的西晒危害，尤其是阳台在封闭的情况下情况更严重。

光照对不同兰花的生长发育期影响也不同。光照适度，生长势好，芽多根壮，叶质细腻而有光泽，同时花也开得多。反之，光过强会使叶变黄，甚至枯萎，对叶芽和花芽的生长不利；光照过弱，叶深绿无光泽，叶芽多而花芽少。对于冬季开花的兰花，可以以光控制使之昼短夜长（低温）即可促进开花。对夏季开花的兰，尽量控制昼长夜短（温度适当高一点）。春季，在兰花萌芽期，可将出土的幼芽朝向光照好的方向，以利兰花发芽和幼芽的健壮生长。

在这些兰花种类中，春、蕙及建兰对阳光的需求较墨兰、寒兰略高，春剑又较春兰、建兰对光照的要求更甚一些。不同种类的兰对阳光的需求不同，这就暗示我们在摆置兰盆时要特别关注且区别对待。喜阳者可摆置于东一点，而依次将其他兰盆往西部摆放。对于不同质地的兰盆或不同大小的兰盆也同样要区别对待。如瓷盆、大盆可放置在阳光更充足的地方，泥盆、小盆相应可放于光照稍次的地方。这样，可以让它们各取所需，按照自己不同的需求去享受不同的光照待遇。当一般人得出瓷盆不宜养兰花的结论时，你则可将粗基质多放一点，阳光多照一点，让兰同样长出粗壮的胖根，且根深叶茂。事实告诉养兰者，没有不好的盆，只有不顾实际的养护方法。

不同的兰花种类对水分要求不同

不同种类的兰花其原自然生态条件不尽相同，因而形成了各自不同的生长习性，也就使得不同种类的兰花对水分要求不同。

兰花浇水必须根据兰花的种类、所处气候、季节、盆具、种类、基质的不同而不同。

总的来说，地生兰较附生兰（洋兰）要求的水分要高一些。附生兰有气生根可从空气中吸取水分，而地生兰只能靠根吸收水分。地生兰对水的要求较附生兰高，但它的肉质根又使它忌水淹而喜润，和一些须根系花草相比，则差之甚远。兰花中叶片薄的种类又比叶片厚且有角质层的种类要求水分要高一点。建兰的耐干耐湿处于蕙兰与墨兰的中间，对水分的要求多于蕙兰而少于墨兰；春兰对水分的要求略多于蕙兰；而寒兰则以偏干为好，但空气湿度宜高些。

在兰花发叶芽、花芽时可多浇一点，在发芽后期和放花阶段则少浇。花谢之后及休眠期甚至可停水两周，使其略现干燥，然后再浇。

对兰适时浇水是养好兰花的关键。养兰者为了控制好浇水的时间，最好备一个台历（尤其对老年人很重要），把每次浇水的时间在台历上标记出。如遇夏季太阳高照、干旱少雨时，浇水期可以缩短1~2天；如遇连日阴雨，温度骤降，浇水期就可推迟几日。浇水最忌想起来就猛浇，忘了就任其干而不顾。另外，兰花多用颗粒状基质，浇水一定要遵循不干不浇、浇则浇透的原则。一般浇水的方式有浸灌和浇灌两种，这两种方法各有利弊。浸灌方法省事，且不易灌至花心，也容易吸足水；但忌一桶水用来群浸，倘若有一盆兰在患病的潜伏期内，就会交叉感染给其他盆兰花。浇灌的方法即可避免交叉感染的弊端，但很麻烦，千万不要使水或肥、药液漏入花心；另外，如一次浇水，水会即刻从颗粒质料中穿肠而过，兰花则并未浇透。在使用浇灌方法时，就要用小径水壶沿花盆边细心慢浇；浇水一般要采取两次浇灌的方法，即浇一次水后过 1～2 小时，再浇一次；或者隔天浇一次，让水浇透。

至于用什么水，其实不必太过苛求。想用雨水或雪水，看起来似乎很科学卫生，但实难求得总有新鲜水待浇。贮存太久，难免滋生细菌，何况环境污染，有时天上也会掉下来酸雨或尘埃脏雨。用自来水存放 1～2 天，或者待需要浇水前让它在太阳下晒晒就行。

浇水最好采用温水浇灌更合适。兰花叶片所需水分和养分主要是依靠兰根和假鳞茎提供。一般来说，兰根的温度总是低于兰株上部的平均温度。兰根的温度过低，就难以为兰叶提供充足的养分而影响兰叶的生长。用温水浇灌就能提高土温，既能使土壤中的有机肥分加快分解，又能使兰根提高吸收水分、养分的能力。至于温水的来源可提前 1～2 天将即灌的水放在太阳下晒晒，或在凉水中倒入部分开水（冬天的水温控制在 30～40℃），更便利的办法是头一两天将水壶放在地暖上提提温。最忌讳的是在大夏天中午用凉水浇灌兰花，致使兰根受到忽热忽冷的刺激受到伤害。

养兰者如想浇水日期统一，则要在兰盆大小、基质种类等方面做些文章。一般来说，兰盆不宜过小。如果兰盆内径在 10cm 以下，或湿或干的缓冲作用太小，对兰花的生长不宜。如果兰盆过多，就要将大盆底粗料多一点，小盆基质较细一点；大盆（或瓷盆）放至东边一点（光照多一点），小盆放至西一点（光照少一点）；大盆内兰花株数多一点，小盆内兰花株数少一点……这样灵活安排，就可以在统一的时间浇灌了。

让兰得以健康成长

栽兰讲科学

栽兰讲科学要从购兰、挑盆、选料、栽兰、施肥和防治病虫害等多方面着手。

○ 购兰

如要想养好一盆健康的兰花，首先就要把好购兰这一关。新学养兰者，挑选兰花尽量以价低的那些普通兰种为试验品，待摸透养兰规律后，再攻克较高档次的兰花。挑兰花时，要挑那些根壮成丛的兰株，而有些用苔藓紧裹的兰花往往是由若干单株兰花合扎一起（兰花单株一般不易养活，而2～3株成丛则容易养一点）；有时兰根不太好也有用苔藓包裹出卖的。另外，购兰千万不要有猎奇的心理状态。有时，那些镶有金边、银边且小巧玲珑的兰花，的确很抢眼。殊不知在高科技的现代，无论采用矮化或其他手段，有时也可以造出那些价低又靓丽的兰花来，待你用普通方法莳养时，她将现出原形，而不是你心目中的那丛兰花。其次，购兰时尽量不去采购那些组培苗（即利用组织培养繁殖的兰苗），虽然有些组培苗品种纯正、优良、稳定性好，但组培苗一般苗株弱小，不易养好，稍有不慎，极易夭折，而且要经过多年培育才能开花。

按东北的气候环境，初学者可养一些建兰种类，如最廉价的'银针素''龙岩素''仁化白''观音素'还有'金丝马尾'等。建兰适应性强，虽产于南方，但在北方对气温要求不敏感，受生长季短的影响，可在春、夏、秋三季开花，至少也能在夏季开一次花。一般来说，寒兰较难种养，故不在可选之列。墨兰在东北虽不难养，但墨兰花期在冬季，此时室内温度高而干燥，即使购来的墨兰含苞待放，却终将干萎而不绽放。若家中有低、中温室条件，那墨兰亦可作为选兰之列。

○ 挑盆

挑选花盆，是每一位兰友首先考虑的问题。其实，养兰最好的盆还是那种几乎退出历史舞台的既低价又透气好的高腰泥质兰盆。事实上多数兰友无论经济条件和对兰盆的外观要求都是较高的。目前，花市上的兰花盆有瓷的、紫砂的、出汗泥的，甚至还有塑料的。这些兰花盆较以前的泥质兰盆既贵透气又不好，但如若在配基质和养护方面巧作灵活调配，也可获得相得益彰的效果。

兰盆不可选得太小（直径尽量大于10cm以上）。自然界的兰花，兰根在土壤中伸展自如，可以尽情地吸收周围土壤所赐予的水分与养料。我们把兰花栽植在兰盆中，实属不得已，但往往对她的伸展和营养的提供造成某种阻断，因而往往去挑那种高挑一些的盆具，让兰根可向下任意伸展。兰盆过小，缓冲作用小，尤其在燥热的天气或养分的提供上对兰花生长是不利的。不过兰盆也不宜过大，尤其当兰苗少时，兰花长在盆内得不到自然界那样和谐相处与调节，往往水多了就造成沤水烂根现象，特别是基质太细的情况下，更要注意这个弊端。兰盆的大小可以视兰苗的多少和基质的选择来决定。

○ 选料

兰花盆挑好了，就要选择合适的基质。兰花的根是肉质根，粗壮、肥大，一般无主根与支根之分，而且都差不多一样粗细。兰花这种特有的肉质根含水量大，怕湿喜润而耐旱，绝不同于那些须根系的植物，在选择基质或栽植兰苗时就要区别对待。

栽兰的基质种类极多，基本上分为有机和无机两类：目前常用的有机类基质主要有树皮、朽木、木屑、花生壳、蛇木、锯末及仙土、兰菌土等。无机类如塘基石、植金石、浮石、陶粒、蛭石、碎砖块等。以下仅以目前常用的几种基质作一介绍。

棉木屑：棉木屑是一种几百年地下腐熟炭化的木头制品。它具有长效稳定的化学性：完全腐熟，微酸性、无菌、无毒、无污染，有利于微生物活动，增强生物性能，全有机质体营养丰富，含腐殖酸及木质酸。棉木屑的物理性能极佳，具润而不湿的功能。它可以和兰菌土、仙土等不同颗粒大小的混合使用，使之营养丰富、具有良好的空间结构，是当今高效种植用料中最高功能的培养基质。

蛇木：蛇木又名桫椤，是一种蕨类植物，含淀粉，是无土栽培的上等基质。蛇木采用的是它的根，粗细不等经切碎待用。蛇木根不易腐烂，不至于生成热能，造成烧根现象。另外，蛇木在浇水后容易润通，不会像颗粒料会使水流穿肠而过，也就避免了干盆现象。其次，加入蛇木，盆内通透良好，有利兰菌生长，兰根因而粗壮。但该植物已是濒危植物，山野中被挖的惨状几近杀鸡取卵的程度，目前只呈零星分布。国家现已将其作为重点保护的植物，禁止随意采挖。我们先不说蛇木根的来源缺乏而价格高昂，也应从珍惜濒危植物出发，尽量少用或不用。

木糠：东北多产柞木类树种，经板材加工后的剩余物，即是植兰很好的木糠基质。新鲜木糠疏松质轻，通气性好，保肥保温能力强。柞木糠腐熟速度较松木类居中，又不含油脂，在腐熟过程中能够持续不断地给兰苗提供充足的有机质和少量的矿物养分，并呈中性至微酸性反应，是一种价廉物美、取材容易的养兰基质。木糠如单独使用也有一些弊端。腐熟过程温度的增高有可能灼伤兰苗；另外浇水不及时便会难以浇透。如想使木糠在养兰过程中充分发挥其优势，可将其充分腐熟后与塘基石或砖粒混合后使用，便可达到事半功倍的效果。木糠腐熟的办法：将鲜木糠用水浇湿，用塑膜盖糠堆约过月余，然后取掉塑膜，将其放于地面暴晒3天，即可用来种兰花。

兰菌土：兰菌土是将净化后的千年乌木层土与解磷、解钾菌等菌群以及菌群营养载体和微量兰花生根激动素，经过科学的配比成型之后，使之成为一种缓释性营养土。它能完全满足兰花透气、保湿、缓释营养之功效；能培养益菌、预防酸化，刺激生根点，促进兰花生根、壮苗。初学养兰的兰友们使用兰菌土会有得心应手的效果。兰花施肥宜清淡，因施肥不当造成灼伤萎苗的现象屡见不鲜，而兰菌土所含的营养具有兰菌王解磷、固氮的作用，解决了兰花施肥上的困惑，用兰菌土在二、三年内不用施肥。尤其让人心悦的是，使用兰菌土对兰促根效果更佳。采用兰菌土栽培的兰花，会在一、两个月内长出白白胖胖的根，实是喜人。兰菌土刚刚问世，价格高昂似乎一般人难以接受，随着兰菌土的慢慢进入兰家，目前的价格已让人理解和接受。兰菌土作为基质可与硬质基质混合运用，也可将底料以大颗粒塘基石或砖粒垫上，在其上放大粒、中粒甚至小颗粒兰菌土即可。兰菌土用前可先将它用清水浸泡10分钟左右，稍控去多余水分就可填盆了。

仙土：仙土是沉睡地下千年之干燥腐殖土，经机械加工为宜兰生长的大、中、小颗粒。四川峨眉山的"荷王"牌仙土所含营养元素全面，无夹带菌虫、病毒，无污染，团粒结构好，不易松散，疏水透气性能亦好，且酸碱度适中，是养兰较好的基质之一。要注意的是：仙土使用前需浸泡1~3天；在给用仙土莳养的兰盆浇水时，切记不可无故延长时日，殊知仙土一旦干透则怎么浇也浇不透了，由此便产生了用仙土"宁湿勿干"的说法。实际上，太湿也会造成兰苗因透气不良而烂根的现象，这要视气温高低而论。仙土最好是和塘基石、木屑等基质掺和运用，时间长了，在长期浇灌的作用下，盆内也会因细颗粒堵塞而不透气。另外，购仙土千万看准"荷王"牌，否则使用冒牌货会让你大失所望。

塘基石：这是一种最常见、最廉价的兰花栽种基质。塘基石是以高岭矿土为原料经技术处理的兰花石。该兰花石多分大、中、小三种规格。它清洁、透水透气性强，但无养分、多有粉化现象。使用该石尽量与那些有机基质混合使用。

萨摩土：萨摩土俗称国产植金石。它是在原塘基兰石的基础上，不惜成本选用了更高级的高岭土制作，大大加强了硬度和物理性的稳定、各个颗粒体空气含量等值性高，在运输或基质混合调配过程中极少产生粉末的现象。它同样具有清洁、透气透水的效果。除此外，当浇水或施肥后，盆内呈饱水泡根状态时，它会吸纳多余的水分和肥分，完成整体植材饱水泡根状态时间的缩短，提早进入润而不湿的状态。当盆内进入过干状态时，它的强力保水缓释性功能即发挥作用，进而延长了基质润而不湿、干而不燥的时间。在润的时间里是微生物转换能量（养分）最高峰阶段，时间越长，养分吸收越多，微生物生态越平衡，浇水间隔弹性越大，有效地降低了浇水和施肥的风险。萨摩土是一种无机人工所造基质，栽盆时，最好和有机基质混合并适时施肥。这种基质适合家庭时养兰花者采用，并经常清擦盆具，保持兰盆的美观。

珍珠岩：珍珠岩是铝硅化合物经轧碎高温处理后的颗粒基质。它化学性稳定，无微尘、杂质，且具透气透水和保温好的优点。它还具有质轻、便于翻盆的优点。它颗粒均匀，颗粒间有足够的气体通过的缝隙，使兰根代谢旺盛，吸收能力强而生长良好。但珍珠岩无养分，保水保肥能力差，压根效果也不好，故栽盆时珍珠岩宜与其他有机基质混合使用，以弥补它的不足。

蛭石：蛭石是一种含镁、铝、硅、铁的矿石经机械加工成颗粒状的基质。它清洁、吸水性强，保湿、透气性较佳。它不足之处是质轻而易飘浮在盆面上。栽盆时将它和腐殖土混合，放在兰盆上部是一个起到保湿、透气的好办法。

砖粒：东北多用红砖。红砖粒含粗砂多，新红砖火气大，旧红砖火气小。一般将红砖净化后，敲成1~2cm大小的颗粒，要放入水中浸泡几天，每日换水待用。一般将其放入盆底，它吸水透气性强，排水亦快，既能节省成本，又能使兰花健康成长。

养兰基质可以单一使用，也可以几种基质混合使用。一般来说，有些基质，如珍珠岩、泥炭土就不适宜单独使用。而混合使用优于单一使用，因为各种基质都有各自的优缺点，若能混合使用，就能发挥各自优点，以使达到取长补短、优势互补的作用。混用时最好将有机、无机的基质混合使用。

如兰盆太大，还可采用一些价廉易取的泡沫块、砖块等代用基质作为垫底。有些人认为泡沫有毒不宜采用，但在采用中发现盆底放泡沫块，兰根长得长而直，往往会径直插入泡沫，兰花长势喜人，足以证明此法是可行的。其次也可以用干净的砖头作为垫盆，只不过它不如泡沫好加工（因为垫底需加工为直径1~2cm才行）。垫盆的泡沫或砖粒（不是石粒）虽无养分，但它在底部以保证兰根透气透水好，使兰根不易烂尖，这就足够了。

○ 栽兰

栽兰是指将购进的兰花或将满盆分好的兰花重新植入新盆。栽兰前无论是新购的兰花或满盆后分下来的兰花，首先应当进行修剪、消毒处理。兰株的根、叶如有烂根、叶斑现象，应当进行修剪。修剪时应当齐患处以内1cm以上，并涂抹多菌灵，或甲基硫菌灵，或者以灭菌药水浸泡（叶子在药水中洗过，根可浸泡15～20分钟），然后将兰花倒悬空干。

　　整盆兰花翻盆的时间视兰花生长状况而定。兰花翻盆不宜太勤。兰花它生存在原有环境，如果换一次盆它至少要有15天以上才能伏盆。这一方面，兰是靠兰根其表面菌丝提高植物对水分和养分的吸收，勤翻盆破坏了原有根菌生存之地的环境，从而影响了兰根的吸收功能；另一方面，翻盆必然会伤及一些兰根，根的吸收能力降低，地上部分会因而生长缓慢，不利于兰花生长。栽兰、翻盆的季节最好优选在春秋二季，这样可以避开严寒酷暑对兰花的伤害。但兰花系粗壮的肉质根，只要采取必要的措施，盛夏亦可栽兰，这是那些须根系植株所望尘莫及的。夏季翻盆在起苗栽种前要进行原盆扣水数天，兰根失去部分水分后会变软而便于栽种作业。栽种前将基质润一润（不湿），兰栽后放于阴凉处缓苗，数天后才浇定根水。一般兰盆可在2～3年后，兰花已满盆几乎无发展的余地或兰花在盆内布局有碍美观，或因病虫害而使兰花生长状况欠佳等就可重新翻盆移栽。盆内兰花长势良好，可不分就不要急着分，尤其是当好友要求劈叉时，千万好言相劝，因为兰花越多越好养，越多越容易开花。尤其是春兰，除有自然"马路"，根系良好的起发大草外，一般不能单株独养。如兰花分得太少，在3苗以下，几乎很难养活。兰盆不着急分，不等于长期不分盆，因为长期盆养的兰花，不断地浇水，基质的细碎颗粒久而久之会下渗而堵住空隙，使下面基质黏结在一起，板结得使兰根透不过气来。

　　兰花栽植时，兰花苗放置的方向有讲究。首先，考虑兰花放置与兰盆的朝向在美观上要一致；其次，也是非常重要的一个方面，即兰花有芽的一面要在盆内多留出点空间（兰花的芽一般总是在同一个方向冒出）。但如果是多棵苗要栽入一个大盆，则可以考虑让兰芽方向互相穿插而栽。这样栽即可免去频繁换盆的麻烦，只要大盆有空余，养分有供应，它们的消长状况会是此起彼伏，此伏彼起，多年来一直都显出郁郁葱葱的景象。

　　兰花在翻盆前盆土须略干，以防兰因过脆而受伤；分株如用刀具要进行消毒，在兰株的伤口也要涂以灭菌粉，避免伤口感染；兰株尽量用自来水冲洗，然后放在阴处倒挂晾干，等待栽植。首先，将漏空倒扣在兰盆底，然后左手把着兰鳞茎处，右手往盆内填料。先填三分之一的大料，再填三分之一中料。此时要将兰盆前后左右晃动，并且将兰盆上下踱一踱，让粗壮的兰根与基质密切接触。最后将细料填入，堆成馒头状，此时就不要踱和压，让它松松地覆盖在上部，只在盆边稍加摁挤即可。这样，一则不会将上部细料压实而影响兰根的透气；二则可以起到一定的保湿作用。

兰花栽完以后，千万不要立即浇水。这是因为兰花栽植前经过修剪，伤口很多，以防感染。另外，栽前的基质是经过浸泡的，如植金石、仙土、兰菌土等。在栽培后3～4天再补足水即可。

○ 施肥

兰花的施肥一般要以清淡勤施为原则。兰花系肉质根，浓肥易使兰根灼伤。施肥分施基肥和施追肥。基肥施放要以不触及到兰根为准。有些花友喜用鹿粪等有机肥。有机肥固然好，但一定要用腐熟过的粪肥，而且尽量少之又少地和粗基质混杂一起，放在底层，远离兰根。采用兰菌土、仙土栽植的初期可不施基肥。

兰花栽植的不同时期施肥要求也不同。初植兰花除可用兰菌王适量浇灌外，一般不用施肥。一是因为兰根还没伏土，对肥力太旺不适应；二是初植兰花以自身或水中养分足以维持生命。春初可选用氮肥或兰菌王，以促芽生长；春后可对建兰施磷酸二氢钾（注意浓度不可高于千分之一）；夏季炎热和冬季寒冷以及花谢后请不要施肥；秋季亦可对建兰、春兰、墨兰等淡施磷酸二氢钾，让磷肥促花芽的萌生和增强对寒冷的抵抗力。追肥除使用无机肥外，还可采用缓施长效复合肥。在春秋两季，沿兰盆边向内刨出一小沟，将适量有机肥（最好是采用颗粒肥）倒入，然后将基质盖上即可（颗粒肥料同样不要接触到兰根）。

不同情况时施肥要求不同。使用不同的基质对施肥多少要求不同。如果采用无机的陶粒、碎砖、植金石、珍珠岩、蛭石等，本身不含养分的基质，则对薄肥勤施的要求要高一些。否则，采用兰菌土、仙土等有机基质，它本身就含一定的养分，初植一年之内可不考虑施肥。不同种类的兰花对施肥的要求也不同。蕙兰叶多、叶阔、叶长、花多而假鳞茎偏小（假鳞茎是兰花贮存养分的地方），这就决定蕙兰生长过程中在同等条件下对肥分需求要比春兰多得多。如若对蕙兰的肥分供应不足，会影响花蕾的形成和促成焦尖缩头现象。

防治病虫害

○ 加强兰苗管理，提高兰的免疫力

如果兰的生长环境适宜，兰花一般生长健壮而极少病虫害。春天的天气变化万千，养兰人要密切注意天气的变化。温度下降了，就适时关窗，防止兰花受冻；温度上升了，要尽量降温（东北室内有暖气，窗外有骄阳，阳台上的温度有时可上升到30℃以上，这时防暑降温的措施一定要跟上），地面喷水，窗台遮阳，甚至挂上遮光网都是有效的。东北的秋季不仅宜人也对兰花的生长十分适宜。此时应当适当浇水防干或过湿；并且要考虑施些薄肥（以磷酸二氢钾为主）。秋季也是换盆的好季节，掰下来的兰草老芦头萌芽比冬季发芽率高。秋季还要注意控制温度的高低，当气温下降到18℃以下，除注意通风外，要适当关窗，采取一些保温措施，延长兰花生长季节。冬季养兰为东北人提出了一个如何降温通风的问题。东北的冬天尤其是住地暖炕的家庭，要特别注意将兰花放置在温度较低（不在0℃以下即可）的地方，若没有低温温室，可放在阳台的西边或离窗玻璃1m远的地方（有隔断的阳台）。如果冬天一直放在高温生长区，让兰始终处在旺盛生长的兴奋阶段，这会使兰花失去休养生息阶段而恢复不了元气，不仅来年生长受到影响，甚至不会开花。

兰花生长除了春夏秋冬要注意温度、光照、水分和养分的调节外，防治病虫害最关键的问题是要重视兰花的通风管理，尤其是在燥热和高温、高湿的环境下更是不可忽视的问题。

○ 正确对待黄叶、老叶，发挥临代谢兰苗余热

兰花植株的寿命一般在5～7年。兰苗当临近"寿终正寝"之时，往往从最老植株最低下的叶片开始由叶尖至叶柄直至整片叶发黄，最后以褐

色结束生命。这样的黄叶是由正常的新陈代谢所致，而不用惊慌失措。这样的黄叶有别于水伤和病害的黄叶。有些兰友喜欢尽情为兰增湿喷雾，有时湿度过大，对新草便会产生水伤黄叶，于是从新草的中心开始发黄，直至褐黄而亡。还有因管理不当，兰花遭至真菌入侵，于是便从最底下的叶片由尖部往叶柄开始发黄，无论老叶、嫩叶都有患病的可能。

兰花的老叶不要急于修剪，有时它对新草的发展、老假鳞茎的繁殖都有重要作用。如果老叶片有患病害的迹象，那就要不加怜惜地剪除。

○ 积极应对兰草病害，确保兰花健康生长

养兰过程中，由于管理和环境等多方面的原因或原草就带有病菌，兰花不时会患有不同的病害。兰花的病害常见种为基腐病、软腐病、炭疽病、白绢病、黑斑病等。一般发现病后，尽量先予以控水，然后用多菌灵或托布津等轮换杀菌，约3天一次，3～5次后见黑斑、黑尖不扩散，不变大就算稳定。届时只需处理那些过大黑斑兰叶，齐斑点1cm处剪掉即可，而对那些斑点较小的叶片还是保留为好。

这儿要详细讲一讲，基腐病与软腐病不同之处是：基腐病的病状是先从父代或再上一代开始，株死后无异味，属慢性病；软腐病则是先从新苗开始，兰草从里到外基部发黑发软有恶臭且假鳞茎软腐，是急性病。基腐病发病初期是从鳞茎处开始，叶基部颜色变黄、变褐、变黑，最后稍加用力兰叶便脆脆地折断，直至全株死亡。这种基腐病实难以治愈，它可通过种苗、盆土、基质、雨水等传播。如果采用浸盆法浇水，结果各兰盆相互交叉感染是毫无疑义了。养兰者务必经常观察你的兰花，发现有以上迹象，首先要把已患病植株隔离烧毁，再用农用链霉素400倍液、灭病威300倍液等药剂喷洒，每2～3天喷一次，直到再无病株出现为止。该种病传染性非常强，发现病情后，要立即将它和其他兰盆隔离，病情严重甚至全盆兰苗死亡的，这时就要连兰全株和所栽基质一并烧毁埋弃，兰盆则经长期日晒灭菌后方可使用。

○ 巧妙应对介壳虫害，确保兰叶完美无瑕

东北养兰过程中，虫害并不多见，而见之较多的是介壳虫害。兰花一旦被介壳虫危害，兰叶上便会出现斑痕累累，甚至最终死亡。产生这种介壳虫害的原因主要归结于通风不够。一旦遇上高温高湿或高温干燥的环境，介壳虫滋生繁衍便会不顾一切地泛滥开来，以致不可收拾。兰盆集中放在如下环境中就有类似情况发生：在北面密闭的外接窗台上、在高温干燥的阳台东部或放在几乎不通风的办公室内等。

介壳虫主要寄生于兰花叶上，一般在兰叶的背面，它用刺吸口器插入叶片组织中吸取汁液。这不仅使兰叶呈现累累浅斑，除影响美观外，更重要的是它会影响兰株正常生长，而且还会使伤口极易感染病害，介壳虫的分泌物极易导致黑霉病的发生。

介壳虫繁殖能力很强，一年可以繁殖多代，自农历3月份始直至10月份都有不同种类介壳虫的卵孵化为若虫，个别甚至延长至翌年1月份。一旦成虫形成会分泌一种蜡质作为保护面固结在叶片背后，几乎任何药剂都难以进入介壳内，即使有效也微乎其微。介壳虫的防治必须选在若虫孵化盛期，若虫尚未被蜡层覆盖，活动期范围大，容易着药。

介壳虫的防治可以从以下几方面入手。首先，要给兰花创造通风适温的环境，提高兰花的抗病力；也可在每年3～4月份结合浇水给兰上1～2次灭虫药水（呋喃丹亦可），让兰花在开始旺盛生长的季节，吸入一些灭虫成分，这样将使介壳虫的介入而产生药害或望风而逃。一旦发生少量的介壳虫，可以进行人工诊治。可以人工用手指将贴在兰叶背面蜡质内的成虫一个一个地抠下来（切不可将抠下来的虫体乱扔，而要放在纸包内焚烧），彻底杀灭为止。如果介壳虫危害严重，对那些若虫孵化不久、尚未形成蜡质壳的，可以用药剂杀死，约5～7天用药1次，连续用药3次以上即可。可对那些已用蜡质包裹虫体的介壳虫，用任何药都难以起到杀害作用，只好仍用人工防治的方法。

在对待介壳虫的危害方面呋喃丹能起到决定性作用。大约10g的呋喃丹兑1～1.5kg水，经搅拌后，在需要浇水时，按浇水要求浇一次。同样，在下一次要浇水时，再以同浓度的呋喃丹的水浇一次。千万不要采取颗粒埋施的方法，那样会使其浓度过高，而造成危害。呋喃丹喷施效果不好，它不完全溶于水，不仅起不到灭虫作用，还会使喷壶堵塞。

◎ 水仙家养三部曲

中国水仙虽然在我国栽培历史悠久，每到冬季，江南人家自养一盆水仙是轻而易举、不足为奇的事，但在东北，激起养水仙热情的还是源自中央电视台每年春节晚会。每年在观看春节晚会时，除舞台上精彩的节目让我们目不暇接，台下宴会桌上那一盆盆水仙也吸引着我们的眼球。

中国水仙是我国十大传统名花之一。明代李时珍的《本草纲目》中说："其花莹韵，其香清幽。"她苍劲敦厚的绿叶之中，绽放出洁白的花瓣并伴以金黄色的副冠，虽娇美而无妖媚，挺秀而不繁茂，却让人品赏出光洁如玉那种淡雅的韵味。不仅如此，一盆盛开的水仙置于室内，那馨香四溢，沁人肺腑，更是诸花所无可比拟的。在百花凋零的寒冬，在盛况空前的春节晚会上，她会坐于宾客满堂的宴桌之中，更是让人高看一眼，不由得也想水养一盆，朦胧之中犹如身临其境，也算得上是件美事！

东北的气候、环境不同于南方，如果采用同样的方法养水仙便事倍功半。一些酷爱水仙的人，在水养过程中因不得法，要么把叶子养得长长的，时间不长便倒伏盆下，就是不见半朵花开；要么不等节日来到，水仙花已先行谢客，让人懊恼不已。为了使水仙在东北亦能展现她的花姿，散发迷人的馨香；为了使大多数酷爱水仙的爱好者能满怀信心地去圆那养好水仙的梦，本书暂不谈水仙的各种造型，只把一个养好水仙的基本方法奉献给大家，以了结了一个花卉爱好者的心愿。

避光养根

要养好水仙，首先要学会挑选好的水仙球。中国水仙是一种球根类花卉。在水仙产地于"霜降"节下种，翌年"芒种"收获，生长时期气候凉爽。收获后经过休眠，便开始花芽分化，直至花芽形成需经历2~3个月。依她的生长规律，采购太早或不足三年生的小水仙球往往养不出理想的水仙花。基于经济利益的诱惑，有个别"花农"在春节后的二、三月便挑着水仙花担，兜售水仙。仔细观察一下，这样的水仙实际上是由好几个石蒜科的石蒜由竹签串在一起的假水仙。

　　中国水仙鳞茎呈圆锥形或卵圆形，三年生的水仙鳞茎，一般中间有一个大的鳞茎，称主鳞茎。鳞茎的大小是以围径周长来分级的。级别以"庄"而称，一般特大鳞茎称为20庄，围径周长在30cm左右；30庄的鳞茎围径周长约在23～24cm；最小的50庄围径周长为19～20cm。习惯上，一篓装满20个称20庄；一篓装满30个称30庄；装40个称40庄等。在主鳞茎基部两侧一般可伴生出1～5个小鳞茎，有的可能在主鳞茎周围长有小鳞茎，呈莲花座状。水仙鳞茎围径周长越长，即球茎越大，侧鳞茎又多又大，则水养后开花率越高，将成为多花枝水仙花头。除此以外，还要选鳞茎饱满、健壮、皮膜光亮、无病虫害的花头。挑选花头时不要挑那些根部茎盘干瘪、腐烂或根因仓储高温早已长出而溃烂不堪的花头。

　　水养的时间以12月至翌年3月之间为宜。在有取暖设备的东北一般20天就可以水养成功。如若想在春节开花，则可在节前20天开始水养。水养前先要将花球作一些处置。先把花茎基盘上的泥块剥掉，再把鳞茎上的破烂表膜和主芽顶端的干鳞片清理掉，直至见到雪白的鳞片。这样使其能迅速生长而不至于溃烂生病。

　　为了控制由于过多的营养使叶片疯长，又影响花芽的生长与冲出花球的力度，有必要给选好的花球开刀处理。首先在花球大芽朝前弯的一面，于鳞茎基盘上约1cm以上处横切约半圈，进刀深度要小于鳞茎的半径，并小心慎切，千万别伤及花芽。然后，从横切处朝上削去外层鳞片，直至花苞芽外鳞片削掉，露出花芽为止。

　　花球经过修切以后，会不断地往外流黏液。这些黏液是一种营养物质，一方面因此会滋生细菌而腐烂，另一方面会使白色的花球变为棕色。我们要将花球头朝下，浸入洁净的水之中。待一两天后，将花球捞起，用清水淋洗干净，用脱脂棉盖住伤口及鳞茎基盘，放入水盘开始水养。水盘的水要高于脱脂棉，使其便于吸水让根吸收、生长。水仙球切割时外流的液体对水仙本身而言是一种营养，但对人却具有一定的毒性，故在处理这些外流液体时尤其注意不要进入眼、口。切割时可戴手套，浸泡水仙球的水也要妥善处理，更不要让小孩接触。

在养根的过程中，基本不需要光照，将脱脂棉盖住基盘便是养根的需要。此时，要注意每天必须换水，可置于温暖向阳的地方，等待花叶的萌发。这个时期大约7天左右。

向阳催蕾

养根过程中，在温暖向阳的基本条件下，敦厚的绿叶蒸蒸日上。为了防止绿叶徒长从而抑制花芽的伸长，这时可以作些矮化处理。

矮化最重要的是延长阳光日照时间，并辅以化学药剂——矮壮素。该矮壮素能增加叶绿素含量，促使叶片肥厚短而粗，花梗硬挺且花朵大、色泽鲜艳花期长。具体做法是：将矮壮素1袋（5g）兑水1kg，将原清水换该品溶液，1～2天换1次。如此时再添加五百分之一的磷酸二氢钾，效果更佳。

大约换3次水，也就一个星期左右，绿色的花蕾逐渐冲破花苞，欲欲伸长。此时，千万注意要转向降温保花阶段。

降温保花

绿色花蕾一经钻出，就要立即采取降温保花阶段。水仙孕花抽葶时的气温和湿度很重要，气温16℃左右，相对湿度90%左右，是适宜水仙孕花抽莛的温湿条件。在南方，冬天温度和湿度对水仙孕花抽莛比较适宜，只要随意水养，不经意间她就会绽放出馨香迷人的花朵。在东北，此时正处于取暖期间，在阳面窗台，当阳光直射时，温度可达30℃左右，这无疑对水仙孕花抽莛是一个致命的打击，往往花莛干萎，花苞空瘪，造成哑花，温度是东北家养水仙失败的关键所在。

在降温保花阶段，发现水仙绿色花蕾刚刚露头，便要将水仙盆移至低温温室。此时光照已不是主要矛盾，只要不在0℃以下即可。阴面的贮藏室或无暖气的卫生间（或温度较低的卫生间）是后阶段水仙保花的好去处。如果此时即将临近春节，也可以白天放在阴面低温处，晚上可移至客厅近阳台的地方，达到保花催花的目的。在这期间，可两天左右换一次水，亦可添加五百分之一的磷酸二氢钾溶液。一旦花绽放开来，催花药即停，除了白日的观赏时间外，也应贮放在低温处，可以使放花期延长多日。

◎ 奇异的狭叶水塔花

狭叶水塔花（*Billbergia nutans* H. wendl.），又名垂叶水塔花。该花属多年生常绿草本，无茎。叶线状披针形，稍硬，长可达50cm、宽可达2cm；叶基部具褐色条纹，叶缘有刺齿，全叶垂弯。花苞先端尖，淡绿，下端粉红，长3~6cm、宽1~5cm；花萼约3cm，先端紫继而粉红，近梗处为绿色，合拢呈细齿轮状；花冠筒状，长约3.5cm，先端3裂，两缘为紫边，中心为淡绿色；花药出冠外约2cm，黄色；柱头伸出花药外呈绿色。

狭叶水塔花虽属凤梨科，但其外观和习性与其他属凤梨不尽相同，其叶狭长，无明显合抱莲座状，故叶基部忌贮存水。该花尤为奇异的是，它含苞欲放时，粉红的苞片卷缩紧俏立在垂弯的绿叶之上，有直冲云霄之势；一旦绽放，上部两个苞片会以几近90度的方向各自伸开，从中吐出一串小花，呈穗状花序垂于其下。花小巧精致，尖冠绿心紫缘，又衬以黄色花蕊，精美而耐人寻味。未见过狭叶水塔花花期盛开的二部曲，有时会以为快要盛开的花苞不知因何而中途夭折，其实该花的一个奇异特性和我们开了个玩笑。

狭叶水塔花原产巴西热带雨林，喜高温高湿的气候环境，耐暑热，不耐寒冷；耐水湿，忌干旱；喜阳却忌烈日。该花同属约60种，我国引入2种，即水塔花、狭叶水塔花作为栽培花卉，是盆栽的理想花选。栽培时可用酸性砂壤或黏土。种植时施放厩肥、骨粉作为基肥；生长期一般可不再施肥；秋季可追施磷酸二氢钾，为孕蕾放花作准备。正常情况下，春节前后即可开花，花期10~15天。

狭叶水塔花多用分株繁殖。该花繁茂满盆后，可在春季气温稳定回升后，将植株基部萌发的幼苗，割下插入砂壤土中，按实，浇足水，置于温暖湿润的室内缓苗7~10天，即可正常生长。如若生长环境适宜，秋冬即满盆，并可抽蕾显花。

狭叶水塔花适应性很强，对病虫害抵抗力很强，即使有病虫害入侵，依然生长旺盛，年末绽花依旧。该花受害常见的是介壳虫害。一旦空气不通畅，燥热难耐时，介壳虫便会趁机入侵。介壳虫虽对其生长、孕花无大碍，但从此叶上会出现棕斑累累或锈痕斑斑，极其影响叶片的美观。防治介壳虫危害最有效的办法，即在早春，花草生长转旺季节，在将要浇水的时候，以适量的呋喃丹水（10g兑水1~1.5kg）浇下，连施两次（两次浇水期），花草吸收后，对螨虫、介壳虫都有明显的防治效果。在盆栽花卉时，也可在15~20cm盆径内一次用呋喃丹1袋（10g），与土相拌，效果亦佳。使用呋喃丹不宜喷施，因为它不完全溶于水，喷施往往达不到浓度而效用欠佳。如遇蚜虫、螨虫必须喷施时，可采用带喷嘴水壶，边晃边浇，可达预期效果。如无喷壶，可用大口饮料瓶替代，在瓶盖凿小眼，喷施效果相同。

狭叶水塔花虽不如水塔花[*Billbergia pyramidalis* (Sims) Lindl.]株丛青翠，花色艳丽，而广受花卉爱好者青睐，市面上几乎难见其影，但其生性皮实，一旦养护，无病无灾，尽管粗放管理，也可年末见花。尤其一旦花苞绽放，几经变幻，会给你带来无尽情趣。

◎ 常见花卉的繁殖与栽培

我们家庭常见花卉一般分木本、草本、攀缘类和多肉类几种。养花者往往购回不同种类的花卉，倘若遇上十分喜爱的花卉总想予以繁殖，一则让喜爱之花多多益善，二则又可以花交友，分送给几位挚友，共享赏花之乐。

繁殖的方法多种多样，而家庭繁殖花卉的方法多为有性繁殖和无性繁殖。有性繁殖是用种子播种的形式来繁殖后代。用种子繁殖的后代发育健壮，寿命长，适应性强，适于大量培植。无性繁殖是用植物的营养器官（根、茎、叶）的一部分，以人工培育产生新植株。无性繁殖的最大特点是能保持亲本的特性不变，开花期较有性繁殖大大提前，只是不能大量培育。

家庭养花一般不要求大量培育，而希望早早开花，何况有些花卉雌雄蕊退化不能结实；有些花卉虽能生长开花，却限于条件种子不能成熟；还有些花卉靠种子繁殖直至开花时间太长……因种种原因也只有选择无性繁殖为上策。

我们常用的无性繁殖有分株、压条、扦插、嫁接等4种，现详谈常用的分株和扦插繁殖法。

分株法：将丛生的植株分离为各自单独生长的新植株，称为分株繁殖。分株法可以保持母株的优良性状，只要根系保存比较完整，栽植得当，成活率就高。这种繁殖法多数用于萌蘖性强的草本花卉和丛生型花灌木。如兰花、吊兰、凤梨、朱顶红、芦荟、竹子等。兰花的分株在此就不再赘叙。

凤梨：这儿泛指凤梨科的各类凤梨和水塔花（狭叶水塔花不在其内）。该花性喜温暖、湿润的环境和疏松、肥沃、微酸土壤。它们属多年生草本，不同种类高矮不等，但一般无茎，叶阔披针形，基部莲座状，叶呈放射状排列。花色呈粉红、暗红、紫不等，有时随花期不同而有粉红、暗红甚至杂色变幻的奇特现象，但大部分种类有鲜红夺眼的色彩。该花立于众宽叶之中，遥遥直上，虽不太夺人眼目，却耐人寻味。不过，凤梨类花卉待植株开花后就面临一个老株更新问题。这就是说老株开花后就逐渐萎缩或干枯，必须在春季换盆时将老株切除，使根茎基部蘖枝生长焕发青春或者在花后待老株基部萌发的蘖枝长至20～30cm后用快刀割下，在伤口涂以灭菌粉，重新栽植在潮润、疏松、肥沃的偏酸性土壤内，正常管理就又可得到一盆可心的小凤梨。

朱顶红：朱顶红就是老百姓常说的大兰草，为石蒜科多年生球根花卉。性喜在温暖湿润，夏日有遮阳，冬季无酷寒的环境和肥沃的砂质土上生长。该花国内栽培种较多，有鲜红色大花的孤挺花；有亮红色的短筒孤挺花和粉红色的网纹孤挺花。一般花卉书中描述的朱顶红类其叶均为宽厚略带肉质，与花同伸或花后抽出，而花则高高挺于群叶之上。这些朱顶红类冬季低温休眠，剪去枯枝，减少浇水，约60天后可苏醒继续生长。亦有些种类叶厚而长，将硕大的红花藏于腰间，且冬季可在稍低的气温下于阳台依然丰润翠绿,春节前后6朵大红花先后绽放,成为朱顶红类之佼佼者。

朱顶红的繁殖可以采取播种和分栽小苗。花期用小棉签在不同花朵中来回蹭蹭(一般上午9~10点效果好)即可完成授粉事宜。待所结果实长大颜色渐深,即可采下掰开置于砂土(最好是蛭石)中,覆盖透明玻璃或塑料膜片,保持湿润,在室温18~20℃温度下很快发芽,逐渐长大成苗。不过,这样的花苗迟迟不能开花,延至4~6年不等,故并不是我们希望所采用的方法。

朱顶红多采用分栽小苗的方法繁殖。该花种植不久,母球(鳞茎)旁总会生出鳞茎,并长出2~4片叶,春秋时节可用快刀将小苗切离母球,另浅栽于它盆之中。盆的大小,众说纷纭,大部分提倡采用20cm以下小盆。其实,只要采用砂壤土,控制浇水,盆底多垫一点粗料,直径大一点的盆也完全可以。该花生长较快,盆太小,1~2年之后,子球产生,小苗纷纷长出,分盆的麻烦很大,不如大盆栽花(直径在30cm左右亦可),颇有气派,亦不失一个好的选择。有时母球只停留在开花、长叶阶段,多年仍无孕生小球小苗的征兆,那就可以给它动手术。秋天将叶片全部齐鳞茎上方切除,掘起鳞茎埋入砂土内,保持10℃左右的温度,以不干枯的湿度为前提,让鳞茎在冬季充分休眠。春季,再浅栽于盆内,让鳞茎头露于土外,适当少浇,至开花前逐渐多浇,这时可能会得到花、苗双丰收。

竹类:这儿讲竹类既不是棕榈科的棕竹、观音竹,也不是龙舌兰科的富贵竹与小檗科的南天竹,更不是石竹科的香石竹和百合科的文竹,而是禾本科内那些适于家养的丛生型矮竹类。常见的有佛肚竹及同属的凤尾竹。高2m左右,枝叶潇洒飘逸,性喜温暖湿润却不耐寒,但在东北地区冬季气温不低于5℃的阳台可以盆栽观赏。其中佛肚竹不宜多施氮肥,冬季不宜温度太高,否则,生长太快,形似佛肚的竹节基部便不再膨大。箬竹类高仅1~2m,枝叶丛生,密集而葱绿。它亦喜温暖、湿润,而较前者稍耐寒。还有一种极其矮小的鹅毛竹,又称三叶竹、矮竹,枝纤细而别具风韵,盆栽亦可算一佳苗。

以上竹类统属丛生型矮生竹类,性喜温暖湿润的偏酸性壤土,配置地不宜过阴,冬季不可过寒过热,一般就可健康生长,给你营造一个清雅、文静的书香环境。该竹的繁殖方法即移植母竹或鞭根。具体操作方法：当母竹满盆已无可发展的间隙，这时就必须立即分盆。当春、秋之际，把满盆的竹兜倒出，用利刀将其切割2～4份（每份都要有母竹和竹鞭，且不可太少），以备待栽。准备好偏酸肥沃的腐殖质土，选30～40cm口径的深盆，在盆内先垫入1/3的土，将分好的母竹移入盆内，再在四周分别填土，充分揿紧、压实、浇足水。最好找一个大而透明的塑料布蒙罩住，放在温暖湿润的卫生间7～15天静养。然后，慢慢移至中温温室再静养15天左右，以后就可以正常养植了。如果栽后不采取任何措施，一旦竹子根系不能正常吸收水分，而枝叶却不断蒸腾，会造成严重落叶而萎蔫甚至使栽植失败。竹类生长速度较快，不几年就可满盆，如无需换盆或苦于换盆的劳累，也可齐茎基剪去部分枝叶，不仅不会妨碍生长，还可在裁剪处萌发新芽，不久即会有一盆生机勃勃的新竹呈现在你的眼前。

扦插法：这种方法就是剪取某些花卉的茎、叶、芽插入相应的基质中，经过精细管理后便生根、长叶成为新的植株的方法。

我们常用的枝插花卉如球兰、绿萝等。这两种藤本花卉生命力极强，它们性喜温暖湿润的偏酸腐殖质土，绿萝则较其更耐阴一些。它们生长不快不慢（和常春藤相比较），尤其对病虫害抗性较强。球兰还能在两三年内开出美丽而馨香的淡粉色半球形花卉（由众多红芯粉瓣小花合成），垂吊于藤下，十分有趣。扦插前，先在母枝上剪取插穗。若长一藤条其实老幼均可采用，只是插穗一般得含4～5节为好。插入土下的枝条要剪去两节上的叶片以便减少蒸腾。下切口最好保留1cm长，使最下一个节上的芽不受侵染，而保证节部位活跃的形成层细胞容易生根。扦插时，可将盆土分上下两层：即下层以偏酸腐殖质为主，辅以蛭石或沙子；而上部则以蛭石或沙子为主，以便勤浇水促根而不至于淹涝，待生根后即可就地生长，既免除了移栽之劳，又使它们适地生长，不会受更换环境的干扰。

多肉类花卉的扦插与枝插类花卉不同。它们厚实的叶片或茎叶含有液汁甚多，当摘取小球和小芽时伤口面过大，若不慎会让其感染、腐烂而宣告失败。既如此，我们在扦插此类多肉植物时，务必要注意以下几点：其一，尽量让插穗切口面小之又小；其二，截取插穗后务必晾2～3天。待表皮干缩后再扦插压紧、待养。其三，所备用的基质（如腐殖土、蛭石等）需先用水润一润（而不是浇湿），将插穗插入后，压紧、捣实，只喷雾但不浇水，待3～5天后再浇一次透水，便可以正常管理。此类扦插只要气温不太低，一年四季均可进行。

多肉植物有大型品种（如仙人掌、山影、芦荟等）只要依以上方法扦插养植都会取得成功。以下只对当前大家喜爱的娇小型多肉类添几笔。娇小型多肉类的繁殖方法多以叶插和茎插为主，方法同上。娇小型多肉类一般外形紧凑，常以莲座状形态展示为花朵状而赢得人们的青睐。然而，在通风不好的环境中却常常招惹病虫害的入侵。我们在扦插或移栽它们时，对栽培基质尽量拌上点灭虫药和多菌灵（杀菌药）就可防患于未然，尤其对粉蚧的危害绝不可小视，必须要先下手才为上策。其次对娇小型多肉类的浇水也必须具体分别对待，不可千篇一律地一月、半月才浇一次。对于那些叶肉较厚的品种或大苗可随气温、休眠的不同状态一周或半月浇一次；而对那些幼苗或叶片较薄、茎纤细的品种，它们储水能力有限，就应当视情况再勤一点，否则待长期断水植株干瘪了就无法挽回了。

一些柔质类草本花卉，如海棠类（球根海棠、四季海棠等）和非洲紫罗兰等枝叶柔嫩花卉。这些柔质类花卉可用枝条或叶片扦插。海棠类花卉如用枝条扦插，即可剪取枝条10～20cm，最好含3～4个节。在下部离叶节1cm左右剪下，然后把下部叶剪去1～2片，顶部留1～2片叶，插入清洁沙床即可。扦插枝条只要健壮，无论老幼均可。非洲紫罗兰即可用叶插。摘取健康老叶，插入沙中露出叶片即可。这种柔质类花卉的扦插虽然极易成活，但也要注意以下几点：其一，用以扦插的基质务必要采用清洁的河沙、蛭石类（不含任何肥料）。这点非常重要，如果直接插入腐殖质或肥沃土壤中，那柔嫩的枝茎或叶柄会因浓度过高的渗入而灼伤直至萎蔫死亡。其二，扦插枝条或叶，必须要在上留一片叶子，以保证它正常的光合作用。其三，温度要适宜，只要水分跟上，夏秋扦插都是适宜的。扦插成功后（待生根发叶后）就可移盆另栽。在移盆时同样要注意一个问题。盆内基质的铺垫要注意，在盆下部三分之一以下，可用沙或蛭石混以腐殖土或加点基肥（有机肥）；盆的中部，尤其是接近新株的根部周围就要用类似它扦插环境的沙料，让新株能适应立即改变的环境，而在盆的上部又可用混有肥分的沙壤，待新植株逐渐在新盆中健康成长。其实这些柔质类花卉一直沿用蛭石类或砂土莳养，只要水分跟上，温度适宜，照样可以四季有花。

下面详细介绍一个家庭自制扦插花卉的器皿。

取一个直径约40cm的花盆，先把下面的渗水口用木塞堵上，然后倒入深约三分之一的细沙，其上中部放一个直径约10cm的小泥盆，在小泥盆与花盆之间随即填满细沙，这个扦插器皿就算制成了。凡需扦插时，先用细棍在砂土上戳一个深点的洞，再把插穗插入至穗节以下，用手把沙摁紧，及时倒入清洁水即可。此后，不断地往中间小盆倒水，当气温适宜的前提下，你的插条10～20天即可生根。像海棠类的花，扦插在这样的器皿中，只要满足不断供水，即使不移栽在腐殖质盆土中，依然会四季有花。当繁花殆尽，你又可将花茎重新按要求剪取，扦插于沙中，如此往复不断，这个扦插器皿嫣然就成为了一个花团锦簇的袖珍小花园了。

东北野生兰科植物简述

　　兰科植物种类极多，按其生态习性可分为腐生兰、附生兰和地生兰三类。其中附生兰多分布在热带，东北不可能有土生土长的这类兰花。酷爱养花的东北人，往往会不远万里从滇、粤、闽等地邮购多彩的热带兰。东北虽有腐生兰类，因腐生兰多生长在腐烂的植物体上，且无绿色叶，其叶已退化为鳞片状或鞘状，故很难遇见，也极难栽培。下面略谈地生兰类常见的几种兰花，它们虽也属多年生草本，但一般以春生夏长、秋藏冬眠的状态而散生于万山丛林之中。

　　东北常见的兰科植物种类，要数杓兰属（*Cypripedium*）了。该属兰花唇瓣为囊状，内轮有2枚侧生雄蕊，外轮有1枚大型的退化雄蕊覆盖蕊柱。杓兰属常见植物有斑花杓兰（*C. guttatum* Swartz），高约30cm以下。其茎生叶一般为2枚，互生或近对生，生于茎近中部，呈椭圆形或卵状椭圆形，长5～12cm，宽3～5cm。花单生于茎顶，唇瓣白色带紫红色斑，直径约2～5cm。该花多生于林间草地、草甸及林缘、直至亚高山带岳桦林下，喜空旷、空气湿度较大的冷凉气候环境。花期6月，果期7～8月。见彩图436。

　　○ 大花杓兰（*C. macranthum* Swartz）

　　杓兰属还有大花杓兰，高约40cm。其茎生叶3～7枚，互生，叶长椭圆形或狭椭圆形，长约15cm，宽约8cm。花单生于茎顶，稀2朵，淡紫红色，苞片叶状，唇瓣红紫色，长3.5～6cm；中萼片广卵形；侧花瓣不扭曲，卵状披针形或广披针形。该花多生于林缘、林间、林下、灌丛或草甸。若花为白色，则为大白花杓兰（*C. macranthum* Swartz f. *albiflara* Y. C. Chu）。花期6～7月，果期7～8月。见彩图437、438。

○ 杓兰属的还有杓兰（*C. calceolus* L.）

高约30~40cm。其茎生叶3~7枚，椭圆形。花多为2朵，唇瓣黄色，长2~3cm；中萼片卵状披针形或披针形，侧花瓣狭长，呈线状披针形或宽线形，通常扭曲且比唇瓣长，呈紫红色。该花多生于林缘、林下、林间草地。花期6月，果期7~8月。见彩图439。

○ 斑叶兰属有小斑叶兰[*Goodyera repens* (L.) R. Br.]

高约15~25cm。叶2~7枚互生于茎下部，卵形或椭圆形，具显著的弧形纵脉及细横脉，于叶面形成黄白色网状斑，另于茎中上部有数枚鞘状叶。顶生总状花序具10余朵花；花白色，花被片长约3~4mm，唇瓣位于下方，凹陷成杯状或舟状，无距，子房扭转。该花生于高山草地、林下及林缘阴湿处。花期8月，果期9月。见彩图440。

○ 手参属有手掌参[*Gymnadenia conopsea* (L.) R. Br.]

高约60cm。叶3~7枚互生于茎中下部，无柄，舌状狭披针形或长圆状线形，长7~20cm，宽1~2cm；基部叶2~3枚具鞘状抱茎。顶生穗状花序密生多花，如圆柱状；花粉色，浓香，花被片长4~7mm，唇瓣先端3裂，距细长下垂，下部弯曲，长为子房的1.5~2倍或更多；柱头2。该花多生于草甸、林缘、林间及湿草地。花期6~7月，果期8月。见彩图441。

○ 王凤花属有十字兰（*Habenaria sagittifera* Rchb.f.）

高约30~80cm。叶数枚，禾叶状，线形或披针状线形，基部抱茎。顶生总状花序具数朵到20余朵花；花白色或淡绿白色，花瓣卵形，几乎与中萼片等长，前面延长成钩状的齿；唇瓣3裂成为十字形，侧裂片比中裂片长或近等长，通常先横向伸展再弯向下方伸展，顶端具锯齿或成为撕裂状，距比子房长或与之近等长，向末端逐渐加粗并外弯。该花多生于草甸、沟谷及阴湿坡地。花期7~8月，果期8~9月。见彩图442。

○ 羊耳蒜属有北方羊耳蒜（*Liparis makinoana* Schltr.）

高约30cm。基生叶2枚，椭圆形，长4~12cm，宽2~7cm，基部楔形抱鞘。总状花序约10余朵，红紫色花梗约10mm，萼片长7~13mm；唇瓣倒卵状圆形，长7~13mm，宽6~9mm，瓣片宽倒卵形或近广椭圆形，基部突然收狭成宽爪状。该花多生于林下、林缘、林间草地、灌丛间。花期6~

7月，果期8~9月。见彩图444。若萼片、唇瓣长在10mm以下，宽在6mm以下；蕊柱长在4mm以下；花为淡绿色或绿白色，则为羊耳蒜[*L. japonica*（Miq.）Maxim.]，高约10~30cm。花期7月，果期8月。见彩图445。

○ 沼兰属有沼兰[*Malaxis monophyllos*（L.）Swartz]

高10~35cm。叶基生1~2枚，椭圆形、近长圆形、卵状椭圆形或卵状披针形，具抱基的鞘状长叶柄。顶生细长总状花序长4~20cm；花小，黄绿色或绿色，萼片长2~2.5mm；唇瓣位于上方，稍短于萼片，扁圆形或近圆形而中部凹陷，上部两侧边缘有疣状突起，基部两侧有耳状裂片；蕊柱极短小，长约1mm。该花生于林下、林缘、草甸、稍湿草地。花期7月，果期8月。见彩图446。

○ 兜被兰属有二叶兜被兰[*Neottianthe cucullata*（L.）Schltr.]

高10~40cm。叶2枚基生，椭圆形、卵形、披针形或近长圆形，茎中上部生有1至数枚狭披针形至线形的苞片状小叶。顶生总状花序长4~11cm，具数朵花；花淡紫红色或粉红色，花序偏向一侧；萼片近等长，长6~9mm，中下部边缘彼此连合呈兜状；唇瓣位于下方，长6~11mm；蕊柱长约2mm，具2柱头。该花多生于林下、林缘。花期6~7月，果期8~9月。见彩图447。

○ 舌唇兰属有二叶舌唇兰（*Platanthera chlorantha* Cust. ex Rchb.）

高30~50cm。茎下部、近基部或中部生有2枚大型叶，长10~20cm，宽3~10cm，椭圆形或长圆形，其上生有1枚至数枚苞片状小叶。总状花序具10余朵花；花白色带绿，花苞片披针形；花瓣偏斜，条状披针形，基部较宽；唇瓣条形，舌状，肉质，不裂，长0.8~1.3cm。该花多生于林下、林缘、草甸、较湿草地。花期6~7月，果期7~8月。见彩图448。

○ 绶草属有绶草[*Spiranthes amoena*（Bieb.）Spreng.]

高15~40cm。基生叶2~4枚，线状披针形，长约8cm，宽4~10mm，先端钝尖，基部鞘状抱茎；在其上方茎上互生有1至数枚较小的茎生叶，越向顶部叶越小而如苞片状。穗状花序顶生，长10~20cm，多花，常偏向一侧，螺旋状扭转；花淡粉色，钟形；苞片卵形，长渐尖；中萼片条形，两侧萼片等长较窄，中萼片与侧花瓣靠合成兜状；唇瓣宽卵形，中部稍缢缩，中部以上边缘有皱波状齿；蕊柱长2～3mm。该花多生于沼泽化草甸、稍湿草地、林下、林缘、灌丛地。花期7～8月，果期8～9月。见彩图449。

○ **蜻蜓兰属有蜻蜓兰**[*Tulotis fuscescens*（L.）Czer.]

高25～50cm。茎上部有1至数枚狭小的苞片状小叶；茎中下部有叶1～3枚，广椭圆形或长圆形，有时上部稍宽3～12cm，顶端钝。总状花序狭长，多花；花小淡绿，花苞片狭披针形；侧萼片斜椭圆形，边缘外卷呈舟状；唇瓣舌状披针形，基部两侧各具1枚三角形的小裂片，中裂片舌状，顶端稍狭；距细长7～10mm；蕊柱顶端各具1枚钻状退化雄蕊。该花多生于林下、林缘、灌丛间和林外草地。花期7～8月，果期8～9月。同属有小花蜻蜓兰[*T. ussuriensis*（Regel et Maack）Hara]，高亦在25～50cm。茎中上部或茎上部生有1到数枚狭小的苞片状小叶，茎下部或中下部叶长圆状披针形、长圆形或近匙形，宽1～3cm。总状花序长几同于蜻蜓兰，但花多而小；色为淡黄绿色。花期7～8月，果期8～9月。见彩图450、451。

东北兰科植物的地生兰远比以上诸种要多，但因各种条件的限制，暂列举以上几种。作者在此诚望各专业志士在有条件的时候进行更深层地调研，让这些清雅幽兰的靓丽姿态能与众多爱兰之人有谋面的机会，进而予以保护和繁殖，这就是我们共同的愿望。

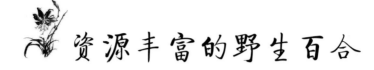

资源丰富的野生百合

百合（*Lilium* spp.）为百合科（Liliaceae）百合属（*Lilium*）多年生草本植物。中国人依据百合地下鳞茎是由许多鳞片抱合而成，故起名"百合"。

百合鳞茎醇甜清香，甘美爽口，并含有蛋白质、脂肪、淀粉和钙、磷及胡萝卜素等各种营养物质，具有润肺、止咳、平喘和清热、养心、安神等功效，是药用、食用俱佳的食品。百合从清代嘉庆年间起就被列为贡品。鲜百合可以炒菜、煲汤，皆称美食。干百合除煲汤外多为药用。百合系列产品不但营养丰富，可以滋补强身，还能润肺健胃、防癌抗老。

百合除传统药用、食用外，其观赏价值亦无可非议。百合花姿优美，清香晶莹，气度不凡，且插瓶时间长，已是目前世界上最受欢迎的切花之一，应用前景非常广阔。百合尤其适合做切花、盆花和园林造景，深受人们的喜爱，西方人历来将其当做圣洁的象征。中国自古就有用百合花表示纯洁与吉庆的风俗，源于百合寓意"百事合意""百年好合"等吉祥内涵。

我国是世界百合花的分布中心。全世界已发现的百合花有90多种，而分布在我国的就有47种、18个变种，其中有36种、15个变种为我国特有。我国地域辽阔，很多地区适宜百合生长，种质资源丰富，是发展百合产业的有利条件。东北野生百合资源亦十分丰富。

百合种类大多数性喜冷凉、湿润气候，宜半阴的环境，耐寒力强，但耐热力较差。要求富含腐殖质和排水良好的微酸性土壤。有些种类如卷丹等，能略耐碱土和石灰质土。百合类植物虽起源于北极圈附近的岛屿，但在地质史第三纪时，地球温度逐渐变冷，百合向南推移。百合属植物主要分布在北半球，从北纬10°～65°的亚热带山地到亚寒带均有分布，东北地区正处于这一纬度带，也正是百合属植物适宜生长的地方。以下简要叙述调查中所见的几种百合。

○ **毛百合**（*Lilium dauricum* Ker. Gawl.）

别名卷莲、百合。多年生草本，高30～100cm。鳞茎白色，扁圆。茎直立，有条棱。叶散生，在花序基部有3～5枚叶轮生；披针形，长7～14cm，宽5～10mm，无柄。花1～5朵生于茎顶，橙红色或鲜红色，喉部有紫红色斑点，直径约8cm；花梗及花蕾外面有白棉毛；外轮花被3，倒披针形，先端渐尖，基部渐狭，长4～8cm，宽1.5～2.3cm，有白棉毛；内轮花被3，较外轮为宽，基部急狭；雄蕊6，向中心靠拢，花药红色；雌蕊1，柱头膨大，3裂。蒴果直立，长圆形。花期6～7月，果期8～9月。

毛百合花大、色艳，金红色大花，花期亦长，有极好的观赏效果。该花多生于海拔1500m以下的疏林下、灌丛间及向阳草甸，是向阳台、坡地极好的配置花草。见彩图408。

○ **渥丹**[*Lilium concolor* Salisb.]

别名山丹百合。多年生草本，高30～100cm。鳞茎白色，广卵形或圆锥形，直径2.5～4cm，基部有多数须根。茎直立，细圆柱形。叶互生，集生于茎中部，线状披针形，长约7cm，宽3～5mm，下面中脉隆起。花单一或数朵集生成总状花序，直立，喇叭状，红色；花瓣6，长圆状披针形，有少数紫色斑点，长3.5～4.5cm；花梗及花被片外无毛或疏生毛；苞片2，线形；雄蕊6，比花被稍短，花药椭圆形，长6～8mm，褐红色；雌蕊1，子房圆柱形，花柱细长，伸出花冠外。蒴果长圆状椭圆形，顶端平截，有钝棱。花期6～7月，果期8月。

渥丹花鲜红耀眼，衬以清秀碧绿的茎叶，更显美丽诱人。该花多生于海拔800m以下的疏林下，是台、坡地很好的配置花草。见彩图409。

○ **有斑百合**[*Lilium concolor* var. *pulchellum*（Fisch.）Baker]

别名紫斑百合。多年生草本，高40～90cm。鳞茎卵球形，直径1.5～2.5cm；鳞片卵形，白色。茎无毛。叶散生，条形，长5～7cm，宽2～7mm；边缘有小突起，两面无毛。花1～10朵，直立，鲜红，有紫色斑点；花被片6，长椭圆形，长3～4.5cm，宽6～7mm，蜜腺两边有白色短毛；苞片2，线形；雄蕊6；雌蕊1，子房圆柱形，花柱伸出冠外。蒴果长圆状椭圆形。花期6～7月，果期8月。

有斑百合花大、鲜红缀以紫斑，红颜欲滴，甚是诱人。该花多生于海拔1000m以下的林下、阳坡草地，是台、坡地极好的配置花草。见彩图410。

○ 渥金[*Lilium concolor* var. *purtheneion* f. *coridion* （Sied. et Vries） Kitag.]

渥金为多年生草本，高30cm左右。鳞茎白色，广卵形或圆锥形，直径约2cm，基部有多数须根。茎直立，细圆柱形，下茎褐色。上部首轮3叶轮生，下部叶互生。叶线状披针形，长约3.5cm，宽约7mm；下部叶腋有珠芽。花单一生于茎顶，花冠10cm，花瓣6；外轮花被3，倒卵形；内轮花被3，较外轮宽，长7cm，宽3cm；瓣尖橙黄，延伸至下为橙红，有少许紫红斑点；雄蕊6，花药红色；雌蕊1，橙色。花期7月，果期8月。

渥金花大，色艳，花期亦长，是极好的矮小型观花草本。该花罕生于海拔500m左右的山坡地，性喜阴凉环境，是阴向台、坡地极好配置草本。该花为较罕见的百合种，近年专业书中不曾出现，仅在《东北植物检索表》中有寥寥几字的记载。作者是在一个偶然的机会觅有一株，算是为百合资料库补充一点资料，还待以后继续调研。见彩图411。

○ 卷丹（*Lilium lancifolium* Thunb.）

别名珠芽百合。多年生草本，高80~150cm。鳞茎宽球形，直径4~8cm；鳞片宽卵形，长2.5~3cm，宽1.4~2.5cm。茎具紫色条纹，带白色棉毛。叶散生，无柄，长圆状披针形或披针形，长6~9cm，宽1~1.8cm，两面近无毛，边缘有乳头状突起，脉5~7条，上部叶腋有珠芽。花3~6朵或更多，橙红色，下垂；花梗紫色，长6~9cm，有白棉毛；苞片叶状，卵状披针形，先端钝，有白棉毛；花被片6，披针形，反卷，有紫黑斑点；外轮被片长6~10cm，宽1~2cm；内轮稍宽，蜜腺两边有乳头状突起；雄蕊四面张开，花丝淡红色，长5~7cm，花药长圆形；雌蕊，子房圆柱形，花柱长4~7cm，柱头3裂。蒴果狭长圆形，长3~4cm。花期7~8月，果期9~10月。

卷丹花大，橙红色，下垂，各出自上部叶腋，从下至上形似串串灯笼，很是壮观、漂亮。该花多生于海拔1000m以下的灌丛、草地、路边或水旁，是台、坡地极好的配置花草。见彩图412。

○ 山丹（*Lilium pumilum* DC.）

别名细叶百合。多年生草本，高 30 ~ 80cm。鳞茎卵形或圆锥形；鳞片长圆形或长卵形，长 2 ~ 3.5cm，白色。茎细圆柱形，稍弯曲，有小乳头状突起。叶散生于茎中部，条形，长 3 ~ 9cm，宽 1 ~ 3mm，中脉下面突出，边缘稍卷。花单生或数朵排成总状花序，鲜红色，无斑点或有少数斑点，下垂；花梗长 2 ~ 5cm，开花时，近花基部向下弯曲，果期花梗反转向上弯曲，有 1 ~ 2 个线形苞片；花被片 6，长圆状披针形，显著向外反卷，长 4 ~ 5cm，宽 8 ~ 10mm，盛开时花径达 4cm，蜜腺两边有乳头状突起；雄蕊 6，花药长椭圆形，鲜红色，花丝无毛；雌蕊 1，柱头 3 浅裂。蒴果直立，长圆形，顶端平截，有钝棱。花期 6 ~ 7 月，果期 7 ~ 8 月。

山丹花色鲜红，光亮明丽，花姿奇特如同小巧玲珑之彩灯。该花多生于海拔 800m 以下的向阳石质山坡和林间草地，宜作阳向、干燥草地（花坪）点缀之用。见彩图 413。

○ 垂花百合（*Lilium cernuum* Kom.）

别名松叶百合。多年生草本，高约 60cm。鳞茎卵圆形，直径 4cm，鳞片披针形或卵形。茎直立，无毛。叶细条形，长 8 ~ 12cm，宽 2 ~ 4mm，先端渐尖，边缘稍反卷并有乳头状突起，中脉明显。总状花序，淡紫红；花下垂，直径约 5cm，有香味；花梗长 6 ~ 18cm，直立，先端弯曲；苞片叶状，条形，长约 2cm；花被片披针形，反卷，长 3.5 ~ 4.5cm，宽 8 ~ 10mm，先端钝，淡紫红色，喉部有深紫色斑点；雄蕊 6，花药暗红色，长 1.4cm；雌蕊 1，子房圆柱形，长 8 ~ 10mm。花期 6 ~ 7 月，果期 9 月。

垂花百合花大，反卷如灯笼，悬挂于总状花序架下，秀丽显眼。该花多生于海拔 1000m 以下的林下、灌丛、山坡、草甸中，是台、坡地极好的配置花草。见彩图 414。

○ 东北百合（*Lilium distichum* Nakai.）

别名轮叶百合。多年生草本，高 30 ~ 80cm。鳞茎卵圆形；鳞片披针形，白色有节。茎圆柱形，有小乳头状突起。茎下部有 7 ~ 13（20）枚轮生叶，覆瓦状排列；茎上部叶互生，小型，倒卵状披针形，先端急尖或渐尖，光滑，无叶柄。总状花序，花橙黄色，稍下垂，具紫红色斑点；有花

2～12朵；花梗长3～6cm；苞片叶状，着生于花梗基部；花被片反卷，长3.5～4.5cm，宽0.6～1.3cm，蜜腺两边无乳头状突起；花丝黄白色，无毛，花药条形，长1cm，橘红色；子房圆柱形，柱头球形，3裂。蒴果倒卵形，长2cm。花期7～8月，果期9月。

东北百合花多呈总状花序，橙黄色花反卷抱如球形，叶呈轮生状，花序宽大，色美而叶亦美，是极好的观赏花卉。该花多生于海拔1600m以下的阔叶红松林下、林缘、路边及向阳草甸，是台、坡地极好的配置花草。见彩图415。

笔者了解到东北有适宜百合生长的广阔地域，实地远不止以上调查的几类，它既有极好的观赏价值，又是一种药食两用俱佳的食品，为此，我们将给园林工作者留下一个可行的科研课题，那就是进一步探研，并加以繁殖培育，让它在不断繁衍的前提下更好地为人类服务。

长白山野生花卉明星轶事几则

◎ 野生款冬花首次在长白山北坡发现

1999年4月下旬，我们去长白山进行野生植物采集。当车驶入长白山林区，那里仍有积雪尚未融化，大多数植物还在冬眠。我们突然发现，在斜阳的照耀下，晶莹洁白的积雪中有鲜黄的花朵绽放。随行的几位同志都被这早春罕见的鲜花所吸引，而沁人心扉的森林空气，更令每个人都非常兴奋。为了搞清真实的植物名称，首先我们查阅了不少资料，后来经延边大学金洙哲教授鉴定：此花为菊科的款冬花（*Tussilago farfara* L.）。它性喜湿润、寒凉，先花后叶。早春它先抽出花莛数枚，高5~10cm，具互生鳞片状叶10多片；头状花序顶生，直径2.5~3cm，舌状花黄色。它有很好的药用价值，能润肺止咳、祛痰定喘。以前，曾有人在长白山冻原带和南坡发现款冬花，但在学术界未予承认是野生种。这次在长白山北坡首次发现，对长白山地区保护和开发利用款冬花的研究提供了依据，有较高的学术价值。见彩图395。

◎ 平贝母有趣的生长方式

平贝母（*Fritillaria ussuriensis* Maxim）是百合科多年生草本植物。它喜湿润肥沃的腐殖质土，在我国的长白山区生长于林下、灌丛及草甸中。由于它的鳞茎有止咳化痰、润肺、散结的功能，是很好的中药材，因此备受人们的喜爱，而它的生长特性又令人感到非常有趣。

在春季的 3 月下旬至 4 月上旬，当长白山的山区还有积雪未化时，平贝母就冒寒出苗，逐渐长出地面。当气温升至 13～16℃时它开始生长旺盛，至 5 月份就先后开花了。它那暗紫红色、其背面有近方形黄色斑点的钟形花朵下垂于枝旁，古朴、清雅，别具一格。当气温继续上升时，其生长受到抑制，到 5 月下旬至 6 月上旬地上部分开始枯萎，地下鳞茎进入休眠状态。待 8 月中、下旬，它又开始了一年中的第二次萌动。此时，在鳞片上会长出后代子贝母。直到上冻结冰，又进入一年中的第二次休眠。这种生长方式的植物尚不多见。

由于平贝母有良好的药用价值，长期被人为采挖，现在野生种已不多见，亟须加以保护。此外，还应根据它的生长习性大力开展人工栽植，以维护生态平衡和物种的繁衍。见彩图498。

◎ 大丁草春花、秋花各异奇闻

春末夏初，在一片落叶松林下，从蓬松而枯黄的针叶间钻出星星点点的小白花，那就是大丁草春花。

大丁草[*Leibnitzia anadria*（L.）Turcz.]是菊科（Compositae）多年生小草本。无明显的茎，根出叶莲座状。春叶有长柄，偶附有波状叶翅，叶呈卵状长圆形，背面及叶柄密生短白柔毛。花茎 1～3 个，头状花序异型。春天，自叶丛中辐射出白色头状小花，莛高 5～10cm，舌状花正面白色，背面淡紫色；管状花淡黄，总苞钟形。夏季花谢后全株枯萎，其实它将进入养精蓄锐阶段，只待迎接秋花和秋果。秋天，自叶丛中又拔出30~80cm的细长花莛，花茎淡红披有白色密柔毛，花冠单生于微弯的茎顶，舌状花白色，中央管状花为鲜紫红色，但多为闭锁状。

该花多生于长白山区各市、县的山坡、路旁、林边及荒草地。我国及朝鲜、日本、俄罗斯均有分布。

该花较为小巧，难以形成一定气场，总不为人们器重。我们在调查之中，简直不敢相信这春花、秋花无论大小、色彩完全不一，却是同一种花，这是其他花卉都不可能显现的。不仅如此，它全草可入药，有祛风湿、解毒之效用，对治风湿、咳喘、疔疮有疗效。见彩图377、378、379。

◎ 不畏酷寒的那些常绿小草

东北不仅冬季漫长，而且冷到极致可达零下40℃，但平常会保持在零下20℃左右。这时，大地除一些可数的常绿的针叶乔木和低矮的杜鹃科小灌木外，几乎一片枯黄。然而，在一些高大针阔叶林木的庇护下，却有着一些被厚厚的落叶覆盖着的一群娇小可爱的多年生小草本。

这些常绿小草就是鹿蹄草科喜冬草属、单侧花属和鹿蹄草属的一些草本植物。它们身高仅在20cm左右，而根状茎（除喜冬草外）却极其细长；叶革质，小而绿亮。冬天，它们在厚厚的积雪下休养生息，待积雪融化，就可以看见它们围在被庇护的大树下成片成片地铺开。等气温开始回升后的5~6月，娇小的枝叶中伸出了长长的花莛，继而放蕾绽花，洁白（少有红色的）的花虽只5瓣，但厚实小巧，惹人喜爱。炎热的7~8月，它们又开始挂上棕红灯笼般的小蒴果，告诉人们这一年的生长季暂告一段落。

这些常绿小草常年贴着地皮，总不被人们器重，甚至感觉不到它们的存在。殊不知是它们默默无闻地在保护着这片山土不被急流冲蚀，不被狂风刮走；它们在周而复始地完成一个又一个生长季，也将绿意和花姿献给人们，只是人们对此不在意而已。大家在不经意间也可以友好地观顾一下，得到人们的认可，也许是对它们无私贡献的一种抚慰。

园林配置中的长白山野生花木

长白山脉广域上实为中国东北东部和朝鲜北部山地、高原的总称。西至京哈铁路，东至吉林省东部珲春国境亦属长白山脉地区。这片土地共计119736km²；海拔高从珲春防川的5m至长白山我方最高峰的2691m。这儿地处温带，但因高差大使之具有中温带、寒温带和高山亚寒带3个气候带的气候特点。地域之广、高差之大，加上地质年代的演变和地貌的奇特，使该区的植物种类极为丰富。据21世纪的有关资料调查显示，仅野生花卉就达700余种，隶属110科。

◎ 种类纷繁的野生花卉

长白山实不为人们想象的只有白雪皑皑的严寒一面，而从初春至秋末就有多种野生花卉先后绽放。在白雪尚未融化的3月，东北扁果草（*Isopyrum manshuricum* Kom.）就以雪白的小花抢先探春。随之，侧金盏（*Adonis amurensis* Regel et Radde.）花便顶雪而出，金黄色的花瓣显出无限生机。西伯利亚杏（*Prunus sibirica* L.）、球果堇菜（*Viola collina* Bess.）、箭报春（*Primula fistulosa* Turkev.）、早花忍冬（*Lonicera praeflorens* Batalin）……则在4月先后开放，淡紫、淡粉、粉红的色彩较前又丰富了许多。紧接着，秋子梨（*Pyrus ussuriensis* Maxim.）、毛樱桃（*Prunus tomentosa* Thunb.）、翠南报春（*Primula patens* Turcz.）……会在4~5月的夹空中泛出粉、白的花朵。到达5月初，驴蹄草（*Caltha palustris* L. var. *sibirica* Regel）、獐耳细辛（*Hepatica nobilis* var. *asiatica* Nakai）、多种的堇菜和各类杜鹃又在山坡和草、湿地开放。6月初，长白山下已是鲜花烂漫，长白山上还为冰雪覆盖，牛皮杜鹃（*Rhododendron chrysanthum* Pall.）、款冬花（*Tussilago farfara* L.）仍会破冰绽放。待到7~8月，种类繁多的蔷薇、萱草、百合、鸢尾开遍山地和草塘。8~9月，龙胆科的龙胆（*Gentiana scabra* Bunge）、睡菜科的荇菜[*Nymphoides peltata*（Gmel.）O. Kuntze]，川续断科的华北蓝盆花（*Scabiosa tschifiensis* Grun.），桔梗科的展枝沙参（*Adenophora divaricata* Franch.et Sav）、山梗菜（*Lobelia sessilifolia* Lamb.），菊科的甘野菊[*Chrysanthemum boreale*（Makino）Makino]等尤其是雨久花科的雨久花（*Monochoria korsakowii* Regel et Maack），花期会一直延续至9月中、下旬，10月初还有一些龙胆科和菊科花卉在寒秋坚守，直至接上桃叶卫矛等红果和各种槭类霜叶红的到来。

◎ 色彩斑斓的奇花异草

长白山的野生花卉色泽丰富，花色除赤橙黄白蓝紫外，还有粉红、淡紫、紫红、蓝紫、黄白和一些无法描述的过渡颜色，充分体现了人们向往的自然美。

在自然界中发现，野生花卉中以白和黄的颜色居多，约占45%；其次是淡紫红、紫红、蓝紫等，约为30%；余下便是红、粉红、黄白、黄绿、橙和各种淡色花系。各种色彩花卉的出现似乎与季节有点相关。在早春的4、5月，花色多为白、黄淡雅之类，与微寒的环境极为相衬。炎热的7~8月，会有鲜红、深蓝、紫、深紫红等一些色彩强烈的花朵穿插在雪白一片的各类铁线莲之中。临近9月，又以紫、淡紫之类为主。

白色花系中以山上的天女木兰（*Magnolia sieboldii* K. Koch）、多被银莲花（*Anemone raddeana* Regel）、棉团铁线莲（*Clematis hexapetala* Pall.）、辣蓼铁线莲（*Clematis terniflora* var. *mandshurica* Rupr.）、獐耳细辛（*Hepatica nobilis* var. *asiatica* Nakai）、塘中睡莲（*Nymphaea tetragona* Georgi）和东北山梅花（*Philadelphus schrenkii* Rupr.）作为代表。淡紫红的花系种类较多，如山坡上的白藓[*Dictamnus albus* L. var. *dasycarpus*（Turcz.）T. N Liou et Y. H. Chang]、各种杜鹃；山坡下麓的头石竹（*Dianthus barbatus* L. var. *asiaticus* Nakai）、各种蔷薇、各类堇菜以及紫菀（*Aster tataricus* L.）；池畔的千屈菜（*Lythrum salicaria* L.）、各种报春花和塘中的莲花（*Nelumbo nucifera* Gaertn.）。深紫红的花似乎仅以草塘生长的玉蝉花（*Iris ensata* Thunb.）能作代表。各种乌头和光萼青兰（*Dracocephalum argunense* Fisch. ex Link）、雨久花（*Monochoria korsakowii* Regel et Maack.）、燕子花（*Iris laevigata* Fisch.）则是深蓝紫色的花卉了。鲜红的各种剪秋罗、金红的毛百合（*Lilium dauricum* Ker-Gawl.）是颜色最艳的花卉之一。鸭跖草（*Commelina communis* L.）花虽小，却是正宗的蓝色彩花代表。各种金莲花亦可为少有的橙色花。

　　总之，多姿多彩的长白山野生花卉为我们展示了她无限的魅力和丰厚的观赏资源。这不仅美化了我们赖以生存的长白大地，而且也为我们启示了一个如何充分挖掘潜力，使其更好地服务于人类的问题。

◎ 各种配置花木的形态特征

适宜草地（花坪）配置的各类花卉

毛茛科Ranunculaceae

○ 多被银莲花（*Anemone raddeana* Regel）

　　别名两头尖、红被银莲花。多年生草本，高达10～20cm。叶2回3出全裂，裂片又2～3裂，钝头，叶柄长10～15cm。花单一，生于茎顶，直径3cm；萼片花瓣状，10片，白色。叶状苞3枚轮生，有短柄，3出全裂，裂片上部有牙齿状缺刻。花期4～5月，果期5～6月。

　　多被银莲花其花、叶清秀雅致，尤以银白小巧的"莲花"配上纤小绿叶覆于地面，即在早春就给阴湿的地面铺上茸茸的绿毯，给人以清新舒适的快感。该花多生于海拔200～800m的林内空地等湿润肥沃之处，是阴向、潮湿草地（花坪）理想的配置花草。见彩图47。

○ **獐耳细辛**（*Hepatica nobilis* var. *asiatica* Nakai）

多年生草本，高15cm左右。根状茎细长。叶均基生，叶片正三角状宽卵形，长2.5～4cm，宽4.5～7.5cm，基部深心形，3裂至中部，中央裂片正三角状卵形，侧生裂片宽卵形，稍斜，裂片均全缘，疏生短白色柔毛，叶柄长9cm。花莛1～6，高6～11cm；萼片花瓣状，7～11片，白色，狭矩圆形，长1.2～1.4cm，宽4～6mm，顶端钝；无花瓣；雄蕊多数；子房密生长柔毛，具1胚珠，花柱短。总苞片3，无柄，近似萼片，卵形或狭卵形，长7～11mm，宽3～5mm，全缘。花期4～5月，先叶开放。

獐耳细辛属矮生密集型花卉。花虽不大，但一株多花，先花后叶。早春，在枯黄的山坡点缀着白花丛丛，既清纯又漂亮。该花多生于海拔500m以下的裸露山坡向阳处，是阳向干旱草地（花坪）配置的可选种类。见彩图61。

小檗科Berberidaceae

○ **鲜黄莲**[*Jeffersonia dubia*（Maxim.）Benth. et Hook.]

别名细辛幌、假细辛。多年生草本，高30cm。根状茎短，外皮暗褐色，内皮鲜黄色，须根发达。叶基生，近圆形，直径5～8cm，基部深心形，先端宽，微凹，边缘波状，掌状脉3～11，下面灰绿色，两面无毛，柄长约30cm。花梗长达11cm，花单生，两性，淡紫色；花瓣4～8，淡蓝色或蓝紫色，倒卵形，基部楔形；雄蕊8；雌蕊1。蒴果纺锤形；萼片4，紫红色，早落。花期4～5月，果期6月。

鲜黄莲淡紫色小花由暗红色花梗托出，衬以暗红色小叶，清幽娇柔。花谢之后，群叶渐绿，清秀的心形叶竞相伸展，宛如袖珍莲叶一般。该花多生于海拔1000m以下的林内、林缘、灌丛、草甸上，是阴湿草地（花坪）理想的配置花草种类之一。见彩图72。

蔷薇科Rosaceae

○ **东方草莓**（*Fragaria orientalis* Losina-Losinsk.）

多年生草本，高30cm。全株密生长柔毛，下部的有时脱落。3出复叶，倒卵形或菱状卵形，长1~5cm，宽0.5~3.5cm，顶生小叶基部楔形，侧生小叶基部偏斜，先端钝或急尖，边缘缺刻状锯齿，上面绿色，散生柔毛，下面淡绿色，沿脉毛较密，叶柄被柔毛。聚伞花序，有花1~6朵；花两性稀单性，花径1~1.5cm；花瓣近圆形，基部具短爪，白色；雄蕊18~22，近等长，雌蕊多数；基部苞片淡绿色或具1片小叶；萼片卵圆披针形，顶端尾尖。聚合果半球形，熟时红色。花期5~7月，果期6~9月。

东方草莓开花早，花期长，果实鲜红；尤其花后即生蔓，落地生根，又成新株，不久便铺地一片。该花多生于海拔500~1600m疏林内、林缘、灌丛、草甸、路旁，是配置各类草地（花坪）理想的花草种类之一。见彩图113。

○ **莓叶委陵菜**（*Potentilla fragarioides* L.）

多年生草本，高15~25cm。根多簇生。花茎多丛生，上升或铺散，长8~25cm，被柔毛。基生叶羽状复叶，连叶柄长5~22cm，小叶3~9，卵圆形或长椭圆形，长0.5~7cm，宽0.4~3cm，先端圆钝或急尖，基部楔形或宽楔形，边缘有尖齿，近基部全缘，两面绿色，被柔毛，下面沿脉较密；茎生叶常3小叶，小叶与基生叶相似。花径1~1.7cm；花瓣倒卵形，顶端圆钝或微凹，鲜黄色；萼片三角形，副萼片长圆状披针形，与萼片近等长；瘦果近肾形，直径约1mm。花期4~6月，果期8月。

莓叶委陵菜花期早而长，花黄叶绿，以其萌生力强的特点，往往只见花叶而不见黄土。该花多生于海拔1100m以下的疏林、林缘、山坡、草甸，是配置各类草地（花坪）理想的花草种类之一。见彩图121。

豆科Leguminosae

○ **野火球**（*Trifolium lupinaster* L.）

别名野车轴草。多年生草本，高20~60cm。茎直立，丛生，上部略呈四棱形。掌状复叶5（3～7），小叶长圆形或倒披针形，长2～5cm，宽0.5～12cm，先端稍尖或圆，基部渐尖，边缘有细齿，两面密布隆起的侧脉，小叶无柄。花密集于总花梗顶端，球形，直径达3cm左右，淡红色至紫红色。荚果小，长圆形。花期6～9月，果期7～10月。

野火球淡紫红花以球形状密集于花梗顶端，艳而醒目，再以绿色掌状复叶衬托，是极漂亮的矮型观花草本。该花多生于海拔2000m以下的路旁、林缘、林下及湿草地，可点缀于草地（花坪）之中，尤其以花期长而卓著。见彩图158。

○ 白车轴草（*Trifolium repens* L.）

别名白三叶。多年生草本，匍匐茎，长30～60cm。3出复叶，小叶倒卵形，卵形或近圆形，长8～16mm，宽8～15mm，先端微凹至近圆形，基部宽楔形，边缘有细锯齿，叶脉明显。花密集成头状花序生于总花梗顶端，总花梗长20cm，花序直径2.5～3.5cm，花冠多为白色。花、果期6～10月。

白车轴草是耐寒的优良观赏草坪植物，白色球状花辅以绿色三出复叶虽较平常，但花期长，并能以极快速度覆盖大地，亦难能可贵。该花多生于海拔200～1300m的河岸、湿草地、路旁，是极好的草地（花坪）配置花草。见彩图159。

酢浆草科Oxalidaceae

○ 山酢浆草（*Oxalis acetosella* L.）

别名酸浆。多年生草本，高7cm。根状茎斜生，较细长，节处有肥厚的鳞片，鳞片广卵形，淡红棕色。基生叶，叶柄细长，有柔毛；顶生3小叶，质薄，倒心形，先端两侧角钝圆，两面疏生白色长伏毛，边缘有缘毛，无柄。花顶生1朵；花瓣倒卵形，先端凹陷，白色，有时基部带淡紫色线纹及黄色斑点；雄蕊10；子房卵形，花柱5；花梗细长，与叶等长或长，中部或中部稍上有2枚膜质小苞；萼片狭卵形，黄绿色，先端钝，果期宿存。蒴果近球形，成熟时红棕色或褐色。花、果期5～8月。

山酢浆草花虽不大，白而带点紫纹，点缀在铺天盖地的绿色三出叶之上，既清雅又壮观。该花多生于海拔500～1000m的各类型林下、灌丛中等阴湿处，是配置草地（花坪）极好的花草之一。见彩图166。

堇菜科Violaceae

○ **东方堇菜**（*Viola orientalis* W. Bckr.）

多年生草本，高10cm。茎叶3枚，集生茎顶，柄短。一株约出3茎，每茎顶2花；花瓣5，鲜黄色，其中1瓣有深紫红色辐射状纹，由喉呈放射状。花期4～5月，果期5～6月。

东方堇菜花小但鲜黄夺目，是早春艳丽的矮型花草。该花多生于海拔500m以下的柞树林或杂木林下，可作为草地（花坪）配置的小花草。见彩图186。

○ **东北堇菜**（*Viola mandshurica* W. Bckr）

别名铧头草。多年生草本，高20cm以下。叶片卵状披针形或卵状长圆形，基部近圆形，先端渐尖或钝，叶柄长4～20cm，具翼。花两侧对称，有长梗，展于叶之上；花瓣5，紫色或蓝紫色，侧瓣里面有须毛。蒴果长圆形。花期4～7月，果期6～9月。

东北堇菜属矮型无地上茎花草，一株多花，早春绽放出深紫色的小花，既显眼又漂亮。该花多生于海拔1000m以下的向阳山坡草地、疏林、林缘、田边及河边沙质地，可为阳向草地（花坪）配置花草。见彩图192。

○ **斑叶堇菜**（*Viola variegata* Fisch. ex Link）

多年生草本，高10cm。地下茎短或稍长。叶基生，近圆形或宽卵形，长1.5～2.5cm，先端圆，基部略心形或截形，边缘有细圆齿，有时呈白色脉纹；果期叶增大，长可达7cm，基部弯缺变深而狭，具长柄。花两侧对称，长约2cm（包括距长）；萼片5，卵状披针形或披针形，顶端圆或截形；基部附器短；花瓣5，淡紫色，距长5～7mm，无毛。花果期4～6月。

斑叶堇菜属小巧玲珑型花草，花小而略显紫红，叶厚带有斑纹，在早春大地尚未完全苏醒之时，亦不失为较好的观花草本。该花多生于海拔200～1000m的山坡或草地、田边向阳处，以其极矮几乎贴近地皮而成为配置草地（花坪）的极好花草之一。见彩图197。

报春花科Primulaceae

○ 樱草（ *Primula patens* Turcz. ）

别名翠南报春。多年生草本，高10~30cm。全株有毡毛。叶3~8枚丛生，叶片卵状矩圆形，长4~10cm，宽2~3（7）cm，先端钝圆，基部心形，上面深绿色，下面淡绿色，侧脉6~8对，叶柄长4~12（18）cm。伞形花序顶生，有花5~15朵，花梗高12~25（30）cm；花瓣5，紫红色至淡红色，喉部有白圈，瓣端有凹缺；苞片线状披针形，微披毛或近无毛；花梗长4~30mm；萼片钟状，长6~8mm，分裂达全长的1/2~1/3，裂片披针形至卵状披针形，边缘具小睫毛。蒴果近球形。花期4~5月，果期6月。

樱草为矮生密集型草本花卉。花艳而美，花形亦美，是早春难得的观花品种之一。该花多生于海拔800m以下的林下或林缘湿地和干草甸等肥沃并排水良好的沙质土，是阴向草地（花坪）理想配置花草。见彩图226。

○ 箭报春（ *Primula fistulosa* Turkev. ）

多年生草本，高10~15cm。基生叶数枚，似莲座状。叶匙状，基部楔形，边缘有细锯齿。约20余朵淡紫红色高脚蝶状花以伞形花序组成球状，着生于从基生叶丛中抽出的粗壮花梗之上；小花梗长约1cm，花冠蝶心有黄粉，呈圆圈状。花期4~5月，果期5~6月。

箭报春花期长约20天以上，淡紫红色花球借白绿色花梗立于莲座状叶之上，花姿、花色均美。该花生于海拔500m以下干草甸上，可借此花点缀于阴向草地（花坪）上，为其增添一点色彩。见彩图228。

唇形科Labiatae

○ 百里香（ *Thymus mongolicus* Ronn. ）

别名地姜。矮小亚灌木，高5~15cm。匍匐茎平卧。叶小，对生，卵状披针形，全缘。花密集于枝端或头状花序；花冠2唇形，粉紫色；雄蕊2强，外露。萼片稍呈唇形，倒卵状；4小坚果，包于宿存萼内。花期6~7月，果期8~9月。

百里香为少有的矮小亚灌木状花卉，花密集呈紫红一片，且香气浓郁。该花生于海拔800m以下向阳山坡或向阳山坡灌木丛中，是那些阳向草地（花坪）理想的配置花卉。见彩图274。

菊科Compositae

○ 白花蒲公英（*Taraxacum pseudo-albidum* Kitag）

别名白婆婆丁。多年生草本，高约10cm。无明显的茎，根出叶莲座状。叶羽状深裂，顶裂片三角状戟形，侧裂片披针形。花为同形的舌状花，两性能结实，白色，先端5齿裂。花期5~8月，果期6~9月。

白花蒲公英植株矮小，生命力强，花期长，早春过后，她即以黄白色花朵进入初夏。该花多生于海拔1000m以下向阳山坡、林缘、路旁，是配置银色草地（花坪）的理想花草。见彩图391。

○ 异苞蒲公英（*Taraxacum heterolepis* Nakai）

别名婆婆丁。多年生草本，高10cm左右。根出叶莲座状，叶片倒披针形，羽状深裂，裂片少，广、狭三角形或线形，常锐尖。花莛数个，黄色舌状花顶生呈头状。花期5~8月，果期7~9月。

异苞蒲公英植株矮小，生命力强，花期长，早春过后，她即以金黄色花朵进入初夏。该花多生于海拔1000m以下，向阳林缘、旷野、路旁，较白花蒲公英分布更广，是组成金色草地（花坪）的理想花草。见彩图394。

百合科Liliaceae

○ 猪牙花（*Erythronium japoncum* Decne.）

别名车前叶山慈姑、山芋头、母猪牙。多年生草本，高20~30cm。鳞茎圆柱形，长5~6cm，宽约1cm，黄白色，近基部一侧有扁球形小鳞茎。叶2枚，对生于植株中部以下，椭圆形或宽披针形，长10~11cm，宽2.5~6.5cm，先端急尖，基部楔形，叶柄长3~4cm。花1朵顶生，俯垂；花被片6，披针形，长3.5~5cm，宽7~11mm，紫红色，基部有3齿黑斑纹；内花被片内面基部有4胼胝体，两侧各有一个半圆形的耳，开花时反转；雄蕊6，花丝不等长，均短于花被片，花药黑紫色，花柱上端增粗，柱头3裂。蒴果三棱柱状。花期4~5月，果期5~6月。

猪牙花花大且呈鲜紫红，飘逸在2对生叶之上，姿色新颖，花色鲜艳，且花期长。该花多生于海拔1000m以下的针阔混交林、阔叶林下和林缘、灌木丛中，成片分布于阴湿肥厚土壤中，可点缀于草地（花坪）之中。见彩图401。

鸢尾科Iridaceae

○ 紫苞鸢尾（*Iris ruthenica* Ker-Gawl.）

多年生草本，高约10cm。根状茎斜伸，2歧分枝，节明显；须根粗，暗褐色。植株基部围有短的鞘状叶。叶条形，长8~15cm，宽1.5~3mm，顶端长渐尖，基部鞘状。花茎纤细，高5~5.5cm。花淡蓝色或蓝紫色，直径3.5~6cm；苞片2枚，膜质，披针形或宽披针形，长1.5~3.5cm，宽3~8mm，中脉明显，绿色，边缘带红紫色；花被管长1~1.5cm，外花被裂片长约3~4cm，宽约6mm，倒披针形，具深紫色条纹及斑点；内花被裂片直立，长约2cm；雄蕊长约1.5cm，子房狭卵形，柱状。蒴果球形或卵圆形，顶端无喙。花期5~6月，果期6~7月。

紫苞鸢尾花小巧玲珑，姿色奇特，淡紫红花伴着外花被的深紫、白条点缀，美丽耐人寻味，是娇小可爱的观花草本。该花多生于海拔800m以下的林缘向阳山坡或砂质草地，是阳向草地（花坪）理想的配置花草。见彩图427。

鸭跖草科Commelinaceae

○ 鸭跖草（*Commelina communis* L.）

别名三角菜、兰花菜。1年生草本，高20~50cm。茎下部匍匐，上部直立。叶互生，卵状披针形，长3~8cm，宽1~2.5cm，先端渐尖，基部膜质叶鞘红色，边缘有纤毛。总苞片佛焰苞状，具柄，与叶对生，心形，顶端短急尖。常有2朵花轮开于佛焰苞外；花瓣3，蓝色，大小不一，萼片3，绿色。蒴果椭圆形，成熟时2瓣裂。花、果期6~9月。

鸭跖草茎叶光滑，上点缀深蓝色小花，素雅可赏。该花多生于海拔1000m以下的田野、路旁及林缘阴湿处，可作为草地（花坪）的配置花草。见彩图434。

适宜湿地配置的各类花卉

石竹科Caryophyllaceae

○ **丝瓣剪秋罗**[*Lychnis wilfordii*（Regel）Maxim.]

多年生草本，高约60cm。全株无毛。茎直立。叶长披针形，长4～5cm，宽约2cm，无柄。花2～6朵生于枝顶，花直径约4cm；花瓣5，呈撕裂状深裂，鲜红色。花期6～8月，果期7～9月。

丝瓣剪秋罗花色鲜艳，花姿娇柔，且花期长，是很好的湿地观赏花草。该花多生于海拔1300m以下的林内、林缘潮湿处，是湿地较好的配置花草。见彩图34。

毛茛科Ranunculaceae

○ **驴蹄草**（*Caltha palustris* L. var. *sibirica* Regel）

别名驴蹄草三角叶变种。多年生草本，高10～35cm。茎直立或上升，单一或上部分枝，无毛。基生叶3～7枚，丛生，叶片圆形或圆肾形，直径4～7cm，先端钝圆，基部深心形，叶缘基部有明显的细齿，两面无毛，有长柄，基部加宽成干膜质鞘；茎生叶较小，叶厚实而亮，与基生叶同形。单歧聚伞花序生茎顶或分枝顶，花直径2.5cm，花瓣状萼片5，鲜黄色，无花瓣。花期5～6月，果期6～7月。

驴蹄草叶翠绿而厚实；花鲜黄而密集，具富态之美。该花多生于海拔1000m以下的林内、沟旁或沼泽水湿地、是湿地、沟湖畔极好的配置花草。见彩图53。

○ **长瓣金莲花**（*Trollius macropetalus* Fr. Schmidt）

多年生草本，高60～140cm。茎无毛，有纵棱，上部分枝，基部有纤维残迹。基生叶2～3，叶片近五角形，3全裂，中裂片菱形，小裂片有缺刻状小牙齿，侧裂片歪斜，2深裂至基部，两面均无毛，叶柄长达50cm；

茎生叶3~7，下部有柄，向上渐无柄，顶部叶小型，不分裂。花单生茎顶或枝端，金黄色，直径3~5cm；雄蕊多数，与萼片近等长；心皮20~28；萼片5~8，广椭圆形至椭圆形，长1.5~2.8cm。蜜叶线形，长3cm以上，比萼片长1倍。聚合蓇葖果近球形。花期6~8月，果期8~9月。

长瓣金莲花虽株高花散，但花艳夺目，尤以蜜叶远长于花瓣状萼片而露于花外，楚楚动人。该花多生于海拔1000m以下阴湿处或草甸之中，是湿地极好的配置花草。见彩图69。

○ **短瓣金莲花**（*Trollius ledebouri* Rchb.）

多年生草本，高60~100cm。全株无毛，茎有纵棱。疏生3~4叶，基生叶2~3，长35cm以下，叶片近五角形，长4.5~6.5cm，宽8.5~12cm，叶柄长9~29cm；茎生叶较小，具短柄或无柄。花单生或2~3组成聚伞花序，直径3.2~4.8cm；花瓣比萼片短，狭条形，长1.3~1.6cm，宽约1mm；雄蕊多数；心皮20~28。萼片6，蜜叶与萼等长，金黄色。蓇葖果长约7mm，喙长1mm。花期6~8月，果期8~9月。

短瓣金莲花株高花艳，但蜜叶较短，观赏效果在长瓣金莲花之下。该花多生于海拔200~1000m的林内、林缘、林间草甸，是湿地较好的配置花草。见彩图70。

千屈菜科Lythraceae

○ **千屈菜**（*Lythrum salicaria* L.）

别名对叶莲、对牙草。多年生草本，高40~100cm。茎直立，四棱形或六棱形，分枝多。叶上部互生，下部对生，稀3叶轮生，长圆状披针形或长圆形，长3~6cm，宽0.7~1.2cm，基部心形或圆形，无柄。总状花序顶生，花两性，数朵簇生；花瓣6，紫红色，生于萼筒喉部；雄蕊12，长短不一，花柱长短不一。叶状苞腋内，有短柄；蒴果椭圆形。花期6~8月，果期8~9月。

千屈菜紫红单花虽小，但总状花序自下而上，此谢彼开，尤见多株丛生更显花密色艳，甚为浪漫壮观，是湿地不可多得的野生观赏花卉。该花多生于海拔800m以下的林缘、路旁、河沟旁及湿草地，是湿地极好配置花草。见彩图199。

龙胆科Gentianaceae

○ 龙胆（*Gentiana scabra* Bunge）

别名粗糙龙胆。多年生草本，高30～50cm。单叶，对生，无柄，卵状披针形。花簇生于茎端或上部叶腋；花大，无梗，为顶叶包被；花萼5，钟形；花冠蓝紫色，筒状钟形，先端5裂；雄蕊5，花丝基部有宽翅，花药长圆形；花柱短，柱头2裂。蒴果长圆形。花期8～9月，果期9～10月。

龙胆花大，蓝紫色钟形花集生茎顶及上部，尤其不畏严寒，开至晚秋而不败，是晚秋难得的花卉。该花多生于海拔1800m以下林内、林缘、草甸，是湿地较好的配置花草。见彩图238。

桔梗科Campanulaceae

○ 山梗菜（*Lobelia sessilifolia* Lamb.）

别名半边莲。多年生草本，高60～100cm。茎直立，圆筒状，光滑无毛，不分枝。单叶互生，中上部叶较密且大，下部及顶部小而疏；叶片长圆状披针形，先端渐尖，基部广楔形，叶缘疏生细锯齿，无柄。花生于茎上叶腋，形成总状花序，长约10cm；花梗长；花直径约2.5cm，花冠5裂，2唇形，上唇2全裂，裂片线形，下唇3裂；裂片中心呈紫红色晕条，外围渐变淡紫红色，缘有白茸毛；雄蕊5，围绕花柱合生，只基部分离，花柱2裂。蒴果近球形。花期8～9月。果期9月。

山梗菜整株高挑清秀，由下至上朵朵小花似孔雀开屏，由中央紫红渐泛开淡紫晕条，以白茸收边，甚是美丽！该花多生于海拔1100m以下的湖沼、草甸、湿草地，是湿地极好的配置花草。见彩图316。

菊科Compositae

○ 红轮狗舌草[*Senecio flammeus*（Turcz.）DC.]

别名红轮千里光，多年生草本，高40～70cm。茎直立，有棱，密生丝状毛。叶互生，从下至上渐小；下部长圆形；中部以上长披针形有尖锯齿。头状花序2~5排列成假伞房状，集生于茎顶；总苞紫黑色，几无毛；舌状花橙红色，开时反卷后倾，筒状花多数，紫黄色。瘦果近圆柱形。花期8月，果期9月。

红轮狗舌草之橙红色舌状花反卷后倾，姿态奇特；且多花以头状花序排列成假伞房状，花色娇艳，给人以浓烈的色彩美。该花多生于海拔500m以下林缘、干、湿草甸、河谷灌丛间，是湿地极好的配置花草。见彩图358。

雨久花科Pontederiaceae

○ 雨久花（*Monochoria korsakowii* Regel et Maack.）

别名水白菜。挺水草本，高50cm以下。全草柔软，光滑无毛。初生叶披针形或线形，后生叶渐宽至卵状心形，长6~10cm，宽3.5~10cm，先端尖，全缘，弧形脉；基生叶柄长，茎生叶柄短，叶柄下部膨大成鞘状抱茎。总状花序顶生，小花直径3cm，蓝紫色；花梗长于叶，花被6；雄蕊6，其中5枚小形，花药黄色，1枚大形，花药紫色；雌蕊1，较雄蕊长。蒴果卵形，长8~10mm，包于宿存的花被片内。花期8~9月，果期9~10月。

雨久花叶绿而光洁，花梗与叶柄娇嫩厚实，蓝紫色总状花序顶生，虽浓艳亦秀雅。该花多生于海拔800m以下的池塘畔、沟旁与水田边，是湿地、水旁极好的配置花草。见彩图422。

鸢尾科Iridaceae

○ 山鸢尾（*Iris setosa* Pall. ex Link）

多年生草本，高30~80cm。植株基部围有棕褐色的老叶残留纤维。根状茎粗，须根绳索状。叶宽剑形或宽条形，长30~60cm，宽0.8~1.8cm，顶端渐尖，基部鞘状，无明显中脉。花茎光滑，上部有1~3个细长的分枝，并有1~3枚茎生叶；浅紫色的花2~3朵，直径7~8cm；花梗细，长2.5~3.5cm；苞片3枚，膜质，绿色略带红褐色，披针形至卵圆形；花被管短，喇叭形，外花被裂片3，宽倒卵形，长4~4.5cm，宽2~2.5cm，上部反折下垂，爪部楔形，有白色粗条花纹，呈辐射状散开；内花被裂片3，退化呈棒状，长约2.5cm，粗1mm，直立，亦为淡紫色；雄蕊长约2cm，花药紫色；花柱分枝扁平，近白色，中间淡紫色，长约3cm，宽1.6~2cm，顶端裂片近方形，有稀疏牙齿。蒴果椭圆形至卵球形，6条肋明显突出。花期7~8月，果期8~9月。

山鸢尾花形奇特，外花被大而呈深紫色，近爪部有白色呈辐射状的粗条花纹，再配以淡紫的内花被片，色彩变化多端，秀雅美丽。该花多生于海拔1100~2500m的草甸、湿生草地、林间旷野或水湿的落叶松林下，是较高海拔湿地较好的配置花草。见彩图425。

○ 溪荪（*Iris sanguinea* Donn ex Horn.）

别名东方鸢尾、西伯利亚鸢尾东方变种。多年生草本，高30~90cm。根茎粗壮横走；须根分枝，灰白色。叶条形，长20~60cm，宽0.5~1.3cm，顶端渐尖，基部鞘状，中脉不明显。花茎光滑，实心，从叶丛中抽出，不分枝，具1~2茎生叶；花深紫色，直径约8cm；苞片3，膜质、披针形，长5~7cm，宽约1cm，内包有2朵花；花被管短而粗，外花被裂片倒卵形，长4.5~5cm，宽约1.8cm，先端凹陷，近基部有黑褐色网纹及黄色斑纹，向外弯曲，爪部中央下陷，无附属物；内花被片直立，狭倒卵形，长4.5cm，宽1.5cm；雄蕊3，花药黄色，花丝白色；花柱分枝扁平，长约3.5cm，宽约5mm，顶端裂片三角形，有细齿。蒴果卵圆形。花期6~7月，果期8~9月。

溪荪花大色浓，外花被片嵌有棕、白色虎纹斑，且常2朵孪生，高着梗顶，端庄秀雅。该花多生于海拔400~1700m的山坡、林间草地、沼泽等阳光充足处，是向阳湿地极好的配置花草。见彩图429。

○ 玉蝉花（*Iris ensata* Thunb.）

别名花菖蒲、紫花鸢尾、东北鸢尾。多年生草本，高30~100cm。根状茎短粗，斜伸，外包有棕褐色叶鞘残留纤维；须根多数，灰白色。叶条形，长约30~80cm，宽0.5~1.2cm，顶端长渐尖或渐尖，基部鞘状，两面中脉明显。花茎圆柱形，直立，实心，有1~3枚茎生叶；花鲜紫红色，直径可达15cm，花梗长1.5~3.5cm；苞片3，近革质，披针形，顶端急尖或钝，平行脉明显而突出，内包2朵花；花被管漏斗形，长1.5~2cm，外花被裂片宽倒卵形，长7~8.5cm，宽3~4.5（5）cm，爪部中央下陷呈沟状，中脉上有1

条鲜黄色尖角形条纹，直延伸至爪部；内花被片直立，狭披针形或宽条形，长约5cm，宽5～6mm；花药紫色；花柱分枝3，扁平，紫色，花瓣状，顶端2裂，略呈拱形，子房圆柱形。蒴果长圆形。花期6～7月，果期8～9月。

　　玉蝉花花硕大，鲜紫红的外被片上有鲜黄尖角状斑纹伸入爪部，外观奇特华贵。该花多生于海拔200～800m的干湿草地、沼泽地、河岸等阳光充足的地方，是阳向湿地极好的配置花草。见彩图430。

　　○ 燕子花（*Iris laevigata* Fisch et C. A. Mcy.）

　　别名光叶鸢尾、平叶鸢尾。多年生草本，高30～80cm。根状茎粗壮，斜伸，棕褐色。植株基部围有棕褐色老叶残留纤维。叶两面灰绿，宽条形或剑形，长40～100cm，宽0.8～1.5cm，顶端渐尖，基部鞘状，无明显中脉。花茎实心，光滑，有不明显纵棱，中、下部有2～3枚茎生叶；花大，直径9～10cm，蓝紫色；花梗长1.5～3.5cm；苞片膜质，3～5枚，披针形，中脉明显，内包2～4朵花；花被管喇叭形，外花被3裂片倒卵形或椭圆形，长7.5～9cm，宽4～4.5cm，上部反折下垂，爪部中央呈沟状，有1条尖角状黄色或白色斑纹，直伸入爪部，无附属物；内花被裂片直立，稍小，倒披针形；雄蕊长3cm，花药白色；花柱3分枝呈拱形弯曲，顶端裂片扇形，边缘有波状牙齿。蒴果椭圆状柱形，长约6～7cm。花期5～6月，果期7～8月。

　　燕子花花大叶绿，蓝紫色的外被片硕大，且有一白色尖角状斑纹伸入爪部，十分醒目别致。该花多生于海拔1000m以下的沼泽地、湿草地及河岸水边等阳光充足的地方，是湿地极好的配置花草。见彩图431。

适宜水地配置的各类花卉

睡莲科Nymphaeaceae

○ 睡莲（*Nymphaea tetragona* Georgi）

　　别名白莲花。多年生水草。根茎肥短，直立。叶马蹄形，较莲叶小，基部深裂，先端微尖；叶浮于水面，表面浓绿，背面略带紫红，叶柄细长。花直径约7cm，连着细长的花梗漂于水面；花瓣多数，白色，瓣中露出鲜黄色花药；萼片4，绿色。果三角状卵形，由萼片包裹。花期8月，果期9月。

睡莲花之雪白花瓣裹着鲜黄的花药与绿叶漂于水面，清雅、素洁，具含蓄之美。该花多生于海拔700m以下浅湖池沼之中，是水地极好配置花草。见彩图74。

睡菜科 Menyanthaceae

○ 荇菜[*Nymphoides peltata*（S. G. Gmel.）O. Kuntze]

别名莲叶荇菜、水葵。多年生水草。茎圆柱形，多分枝，于水中具不定根，并于水中生匍匐状地下茎。叶漂浮，厚实，圆形，似小型莲叶，基部心形；上部叶对生，其他叶互生；叶柄长5～10cm，基部变宽，抱茎。花序束生于叶腋；花鲜黄色，直径可达4cm；花冠5深裂，裂片卵圆状披针形，钝头，缘波状开展；花萼5深裂，裂片卵圆状披针形。蒴果长椭圆形。花期8～9月，果期10月。

荇菜较睡莲花、叶均小，但灰绿色心形叶铺满水面，朵朵鲜黄色的小花亭亭玉立于群叶之上，给人以柔和清雅之美。该花多生于海拔1000m以下的浅湖与静水泡子中，是水地极好的配置花草。见彩图245。

适宜台、坡地配置的各类花木

石竹科 Caryophyllaceae

○ 头石竹（*Dianthus barbatus* L. var. *asiaticus* Nakai）

多年生草本，高50cm左右。茎细圆柱状，直立。叶对生，抱茎，宽披针形，长8～10cm，宽1～1.5cm。聚伞花序密集于枝端。小花直径2cm，花梗短，长1～2mm；花瓣5，紫红色或淡紫红色，边缘牙齿状喉部有深紫红色环形斑点。花期6～8月，果期7～8月。

头石竹为矮生密集型花卉，偌大的头状花序，淡紫红的花朵，十分艳美而醒目。该花多生于海拔600m以下深山林缘、道旁，是台地、坡地极好的配置花草。见彩图30。

罂粟科Papaveraceae

○ 黑水罂粟（*Papaver nudicaule* L. subsp. *amurense* N. Busch *sensu* str.）

别名黑龙江野罂粟。多年生草本，高60cm左右。基生叶1次羽状深裂，密被贴生硬毛，全缘。花大型，直径6cm，单生于花梗之上；花瓣4，倒卵形，内轮2瓣较小，白色；花药黄色。花期6～7月，果期7～8月。

黑水罂粟花大雪白，瓣间伸露出鲜黄花药，亭亭玉立于花梗之上，是清雅、娇柔类花卉。该花多生于海拔200～600m的荒地、道旁干旱向阳处，是阳向坡地很好的配置花草。见彩图90。

十字花科Cruciferae

○ 香芥（*Hesperis trichosepala* Turcz.）

别名香花草。2年生草本，高20～60cm。茎直立。基生叶于花期后干枯；茎生叶狭卵形或披针形，长2～4cm，宽3～18mm，先端急尖，基部楔形，边缘有锯齿，两面有极少毛，叶柄长5～10mm。总状花序顶生，花径约1cm，花梗长3～5mm；花瓣4，倒卵形，有爪，长1.2～1.6cm，先端圆形，淡紫红色；萼片4，直立，条形或狭椭圆形，内萼片基部成囊状，顶端及外面有单毛。长角果狭条形，长4～5.5cm，弯曲，斜展。花期4～6月，果期6～7月。

香芥淡紫色小花以总状花序顶生于茎顶，且花期早而长，是很好的密集型花卉。该花多生于海拔1000 m以下的林缘、河岸或道旁砂石土上，是向阳山坡、花境很好的配置花草。见彩图93。

○ 小花花旗竿（*Dontostemon micranthus* C. A. Mey.）

1年或2年生草本，高20～50cm。茎直立，多分枝。叶互生，线状披针形，长1.5～3cm，宽2～3mm，全缘。总状花序顶生，花小，直径0.8～1cm，花瓣长约3mm，淡紫红色。长角果，种子多数。花期6～7月，果期7～8月。

小花花旗竿植株矮小，叶纤细，淡紫红花虽小但密集于花梗之顶，为娇小可爱型花卉。该花多生于海拔1200m以下林缘、沙质山坡、路旁，是坡地、花境较好的配置花草。见彩图94。

○ 糖芥（*Erysimum amurense* Kitag.）

1年或2年生草本，高20~30cm。叶互生，线状披针形，长8~10cm，宽0.5cm，有疏齿，先端尖，基部渐狭。总状花序顶生，花序长6~10cm；花梗长5~8mm；花瓣4，花瓣长1cm，金黄色。花期4~6月，果期6~8月。

糖芥金黄色花瓣呈总状花序顶生，花色耀眼，花朵密集，是很好的矮生密集型观花草本。该花多生于海拔1000m以下的林缘、道旁向阳的地段，是向阳山坡、花境很好的配置花草。见彩图95。

虎耳草科Saxifragaceae

○ 东北山梅花（*Philadelphus schrenkii* Rupr.）

落叶灌木，高2~4m。老枝灰褐色，小枝红褐色。叶对生，卵形或狭卵型，长5~10cm，宽3~5cm，先端渐尖，基部圆形或宽楔形，边缘疏生锯齿，具3条明显的主脉，上面绿色，通常无毛，下面淡绿色且沿脉疏生柔毛，叶柄短。总状花序，有花5~7朵，花梗长6~13mm；花瓣4，倒卵形或宽卵形，长1.2~1.8cm，白色；雄蕊多数；子房半下位，4室；萼筒疏生短柔毛，裂片4，宿存，三角状卵形。蒴果近椭圆形，长6~9mm。花期6~7月，果期8~9月。

东北山梅花枝叶繁茂，春夏之交，满树银花，给人以清凉秀雅之感。该花灌木多生于海拔1100m以下的阔叶林及林缘、山坡、河岸等空气湿润、土壤肥沃的地段，是阴向山坡较好的配置花灌木。见彩图108。

蔷薇科Rosaceae

○ 土庄绣线菊（*Spiraea pubescens* Turcz.）

落叶灌木，高1~2m。茎近直立，多分枝。小枝开展，稍弯曲，灰褐色或褐黄色，有短柔毛；老枝无毛，剥裂，有光泽。叶互生，菱状卵形至椭圆形，花枝上叶长0.8~3cm，宽0.5~1.5cm；不育枝上叶稍大，先端急尖，基部宽楔形，中上部有不规则粗锯齿，有时近3裂，两面疏生短柔毛；叶柄长2~3mm，密生短柔毛。伞形花序顶生，无毛，花10~30

朵；花径5～7mm，花梗长7～12mm；花瓣5，卵形或近圆形，长宽各2～3mm，白色或稍带黄色；萼筒钟状。蓇葖果，无毛或仅腹缝线有短柔毛。花期5～6月，果期7～8月。

土庄绣线菊花期早，花多而密，成团成片，清白素洁，是很好的观花植物，可成行密植。该花灌木多生于海拔800m以下的石质山坡、石崖等干燥的林缘、灌丛中，为花篱和花境的好材料，也是台、坡地较好的配置花灌木。见彩图110。

○ 伞花蔷薇（*Rosa maximowicziana* Regl.）

落叶灌木，高50～100cm。多分枝，小枝及托叶有皮刺。奇数羽状复叶，互生，小叶5～7，近革质，有光泽，长卵形，长2～3.5cm，宽1.2～1.5cm，边缘有尖锯齿。花多数成伞房花序；花大，直径约3cm；花瓣5，先端有凹缺，淡黄色至白色；雄蕊橙黄色。花期6～7月，果期8～9月。

伞花蔷薇枝繁叶茂，花大而密，微黄至白的大花盛开在夏季，给人以一种清凉的美。该花灌木多生于海拔400m以下的草甸、山坡下部林缘等湿润、阳光充足的地方，是低海拔向阳台、坡地极好的配置灌木。见彩图122。

○ 山刺玫（*Rosa davurica* Pall.）

别名刺玫蔷薇、刺玫果。落叶灌木，高1m左右。茎直立，多分枝，小枝暗红色或红褐色，小枝及叶柄常有成对的皮刺。奇数羽状复叶，小叶5～7，宽卵形，叶缘有锐锯齿，上面无毛，下面有白霜、柔毛和腺体；托叶大部附着于叶柄上，边缘、下面及叶柄均被腺毛。花单生或2～3朵聚生，直径约4cm，梗具腺毛及腺点；花瓣5，全缘，有香味，深红色或粉红色。果球形，直径约1.4cm，色深红发亮。花期6～7月，果期8～9月。

山刺玫花淡红至深红，不仅鲜红果可挂至11月，且暗红的小枝在冬季白雪的衬托下显得格外美。该花灌木多生于海拔1300m以下的山坡灌丛、路旁、河谷、沟边等向阳处，是阳向坡地极好的配置花灌木。见彩图123。

○ 秋子梨（*Pyrus ussuriensis* Maxim）

别名花盖梨、山梨、乌苏里梨。落叶乔木，高达15m。树皮粗糙，暗灰色。叶互生或果枝上簇生；近圆形，先端长尾状尖，基部圆形或心形，边缘刺毛状尖锯齿。伞形花序，有花5～12朵，簇生于短果枝上；花冠盘形，花径2.5～4cm；花瓣5，椭圆形，白色；雄蕊19～21，花药紫色或紫粉色；子房下位5室，花柱5，基部合生；花萼钟形，萼裂片5，三角形，先端尖，边缘有锯齿或毛。梨果球形，直径2～4cm，熟时浅黄色或微带红色，果实顶部有宿存萼。花期4～5月，果熟期8～9月。

秋子梨先花后叶，花大而密，馨香洁白，花期亦早，是早春极好的观花乔木。该树多生于海拔1000m以下的阔叶混交林、林缘及灌丛、路旁、河谷等地，是台、坡地极好的配置花木。见彩图134。

○ 毛樱桃（*Prunus tomentosa* Thunb.）

落叶灌木，高2～3m。树冠广卵形，枝条开展。幼枝密生黄褐色短柔毛。叶互生，倒卵形、卵形或椭圆形，长4～7cm，宽2～4cm，先端急尖或微渐尖，基部楔形或宽楔形，边缘有锐重锯齿。花叶同放，花单生或2个并生，白色微带红色；花瓣倒卵形；雄蕊多数，子房无毛；萼筒管状。核果近球形，深红色或红色，直径约1cm。花期4～5月，果熟期5～6月。

毛樱桃枝条丛生，粉白的春花挂满褐色枝条，通红的夏果又紧贴枝条，花密，果亦密，具有一种风韵美。该花灌木多生于海拔800m以下的林缘、灌丛及向阳山坡、路旁，是向阳山坡极好的配置花灌木。见彩图136。

○ 西伯利亚杏（*Prunus sibirica* L.）

别名山杏。落叶灌木，高达5m。树皮暗灰色。枝条开展，小枝灰褐色或浅红褐色，通常无毛。叶卵形或近圆形，长3～10cm，宽2.4～7cm，先端长渐尖，基部圆形或近心形，边缘有细锯齿，叶柄长2～3cm。花单生，近无柄，直径1.5～2cm；花瓣近圆形或倒卵圆形，白色或粉红色；雄蕊短或稍长于花瓣；子房被短柔毛；萼圆筒状，微被短柔毛或无毛，红色，萼片长圆状椭圆形，花后反卷。果球形，直径1.5～2cm，黄色常具红晕。花期4月，果熟期6～7月。

西伯利亚杏花先叶开放。早春，淡红色花开数日后，枝上宿存的暗红色花萼亦似碎花留存多日，甚是艳美。该树多生于200～600m的向阳山坡，是向阳山坡极好的配置花木。见彩图142。

芸香科Rutaceae

○ 白鲜[*Dictamnus albus* L. var. *dasycarpus* （Turcz.）T. N. Liou et Y. H. Chang]

别名八股牛。多年生草本，高30~90cm。茎直立，基部木质。叶互生，通常密生于茎的中部；奇数羽状复叶，小叶9~13枚，卵形至卵状披针形，长3~9cm，宽1~3.5cm，先端渐尖，稀为短尖，基部稍偏斜，边缘有细锯齿，表面密布油点，两面疏生毛，脉上毛较多，叶轴有翼，无柄。总状花序，花大，淡紫红色；花序轴及花梗密布黑紫色腺点及白色柔毛；苞片线状披针形或披针形；花瓣有明显的深紫红色线纹；雄蕊10，花丝细长；子房有柄，密生腺点及短柔毛。蒴果成熟后开裂，裂片长1cm左右，先端具针状尖，密被黑紫色腺点及白柔毛。花期5~6月，果期7~9月。

白鲜淡紫红色大花以总状花序生于枝顶，色艳而耀眼。该花多生于海拔1000m以下的山坡、林下、林缘、干草甸子，是台、坡地极好的配置花草。见彩图176。

山茱萸科Cornaceae

○ 红瑞木（*Cornus alba* L.）

别名红瑞山茱萸。落叶灌木，高可达3m。树皮暗红色。枝鲜红色，无毛；1年生枝有蜡质白粉，有明显散生白色皮孔。叶对生，卵形或椭圆形，长4~10cm，宽2~5cm，先端渐尖或凸尖；基部圆形或广楔形，全缘，上面绿色，下面灰白色，有伏毛，叶脉明显。圆锥状聚伞花序，顶生，花冠白色；花轴与花梗有密毛；花瓣4，长卵形，长约3mm，宽约2mm；雄蕊4，花盘厚垫状；子房倒卵形，柱头头状，萼筒卵状球形，被白毛，萼齿不明显。核果长圆形，两端尖，扁平，熟时白色或稍带蓝色。花期6~8月，果期8~9月。

红瑞木夏天有密生的白色花朵，常年其枝干、芽和秋叶均为红色，尤其冬天暗红色的枝干在白雪中格外显眼，是很好的观干花灌木。该灌木多生于海拔500~1300m的河流两岸的针阔混交林或次生林下，是台、坡地极好的观干配置灌木。见彩图204。

鹿蹄草科Pyrolaceae

○ **红花鹿蹄草**（*Pyrola incarnata* Fisch）

多年生常绿草本，高达25cm。根状茎细长，横生或斜生。叶于基部簇生，叶片革质，圆形或卵圆形，长宽近相等，约4cm，边缘有不明显的微小圆齿，光滑无毛，两面叶脉凸起，明显，叶柄长约4cm。总状花序，花茎长2.5cm，有1～2卵状披针形苞片；花多数，下垂，微紫红色。花期6～7月，果期8月。

红花鹿蹄草小巧玲珑，常绿。花期红花带着长长的花梗下垂在翠绿小叶中，实为精美可爱。该花多生于海拔1000～2000m的针叶林或针阔混交林下，是阴向较高海拔极好的配置花草。见彩图215。

杜鹃花科Ericaceae

○ **大字杜鹃**（*Rhododendron schlippenbachii* Maxim.）

落叶灌木，高1～3m。枝轮生，暗灰色，老枝间有灰白花斑，2年生枝无毛；幼枝粗壮，淡棕色，有腺毛。叶纸质，倒卵形，长5～9cm，宽3～5cm，大小不等的5片呈"大"字形集生于幼枝顶，似轮生状。伞形花序，有花3～6朵，生于幼枝顶端，花叶同放；花冠宽辐状漏斗形，直径5～8cm，淡粉红色，裂片广展，宽卵形，上方3片近喉部有暗红色斑点；雄蕊10，花丝长短各半，顶端稍弯，花药黄色；雌蕊稍长，柱头淡绿色。蒴果矩圆状卵形，长约1.8cm。花期4～5月，果期7月。

大字杜鹃花大，3～5朵，以伞形花序生于幼枝顶，淡粉红的花瓣近喉部有暗红色斑点，黄色花药，是难得的观花灌木。该花灌木多生于海拔600m以下的山坡或坡顶阔叶林下，是低海拔台、坡地极好的配置花灌木。见彩图217。

○ **小叶杜鹃**（*Rhododendron parvifolium* Adams.）

常绿小灌木，高达1m。分枝多，枝条细长、挺直。叶革质，散生于枝条顶部，矩圆形或倒卵状椭圆形，长1～2.5cm，宽4～9mm，基部近圆形。顶生伞形花序，有花2～5朵；花萼紫色，5裂，花冠辐状漏斗形，淡紫红色至紫红色，偶有白色；雄蕊10枚，花丝基部有毛，花柱无毛。蒴果长5mm，矩圆形。花期5～6月，果期8～9月。

小叶杜鹃是长白山难得的常绿花灌木，淡紫红至紫红色，偶有白色花2～5朵以伞形花序生于枝顶，花艳且密，是极好的常绿花灌木。该花灌木多生于海拔1000～2000m的林内、林缘及林间草地，是较高海拔极好的配置花灌木。见彩图218。

○ 迎红杜鹃（*Rhododendron mucronulatum* Turcz.）

别名映山红、尖叶杜鹃、金达莱。落叶灌木，高1～2m。多分枝。树皮浅灰色，稍开裂；小枝分枝长，淡褐色。叶互生，狭椭圆形至椭圆形，长4～6.5cm，宽1.5～3cm，先端锐尖至渐尖，基部楔形，上面绿色，有褶皱腺鳞，近全缘。花1～3朵着生于枝端，先叶开放；花梗长约5mm，具白色腺鳞；花冠宽漏斗状，直径3～4cm，淡紫红色；雄蕊10，不等长，花药长圆形；子房5室，花柱伸出花冠外；萼片短，有毛。蒴果圆柱形，暗褐色。花期4～5月，果期6～7月。

迎红杜鹃淡紫红色花先叶开放，花大红艳，且密集一片，是极好的观花灌木。该花灌木多生于海拔600m以下的林缘、灌丛、石砬子，是贫瘠山坡极好的配置花灌木。见彩图220。

唇形科Labiatae

○ 光萼青兰（*Dracocephalum argunense* Fisch. ex Link）

多年生草本，高50cm以下。茎直立，常丛生，钝四棱形，有倒向小毛，下部较稀疏；自叶腋下又抽出具小形叶的短枝。叶对生，线形或线状披针形，长4～6cm，中脉疏生毛或无毛。轮伞花序生于茎上部，通常4～6节，花较密集；花冠2唇形，深蓝紫色，长2cm左右，外有短柔毛；雄蕊4，通常与花冠等长或稍伸出；子房4裂，花柱细长；苞片与萼近等长，卵状椭圆形，先端锐尖，有中脉，边缘有白睫毛；花萼长10～12mm，外面有白色短毛，5齿裂，上唇3裂，中裂齿为卵状椭圆形，侧裂齿三角形或宽披针形，下唇为2齿裂，至2/5靠合，各齿先端锐尖，有白色睫毛。

小坚果长圆形，光滑。花期6~7月，果期7~9月。

光萼青兰花深蓝紫色，4~6节轮伞花序生于茎上部，多花密集十分醒目，为夏季的人们送来清凉雅美之感。该花多生于海拔800m以下的林缘、道旁，是台、坡地很好的配置花草。见彩图259。

忍冬科Caprifoliaceae

○ 金银忍冬[*Lonicera maackii*（Rupr.）Maxim.]

落叶灌木，高2~6m。植株各部常被短柔毛和微腺毛。叶纸质，卵状椭圆形至卵状披针形，长5~8cm，顶端渐尖或长渐尖，基部宽楔形至圆形，叶柄长2~5mm。花腋生，苞叶线形；花冠唇形，长1~2cm，先白色后变黄色，芳香；萼檐钟状，膜质。花梗较果短。果实暗红色，圆形，直径5~6mm。花期5~6月，果期7~10月。

金银忍冬花先白后黄，几乎每叶均有多朵花腋生，秋果暗红，是很好的观花观果灌木。该花灌木多生于海拔1000m以下的林缘或溪流附近的灌木丛中，是台、坡地很好的配置花灌木。见彩图296。

○ 黄花忍冬（*Lonicera chrysantha* Turcz.）

别名金花忍冬。落叶灌木，高达4m。幼枝、叶柄、总花梗常被开展的糙毛或腺毛。叶纸质，菱状卵形、菱状披针形、倒卵形或卵状披针形，长4~8（12）cm，顶端渐尖或急尾尖，基部楔形至圆形，两面脉上被糙伏毛，中脉毛较密，具缘毛，叶柄长4~7cm。总花梗细，较果长，为1.5~3（4）cm；苞片条形或狭条状披针形，长2.5（8）cm；小苞片分离，卵状长圆形；花冠黄白色后变黄色，唇形，萼筒分离，无毛，具腺。果实红色，圆形，直径约5mm。花期5~6月，果期7~9月。

黄花忍冬花由黄白色渐变为黄色，秋天红果挂枝，亦为较好的观花观果灌木。该花灌木多生于海拔1300m以下的林内或林缘，是台、坡地较好的配置花灌木。见彩图297。

○ 紫枝忍冬[*Lonicera maximowiczii*（Rupr.）Regel]

别名紫花忍冬。落叶灌木，高约2m。幼枝紫褐色。叶纸质，卵形至卵状矩圆形或卵状披针形，稀椭圆形，长4~10（12）cm，顶端尖至渐尖，基部圆形，有时阔楔形，边缘有睫毛。叶柄长 4 ~ 7mm，有疏毛。总花梗长 1 ~ 2（2.5）cm，无毛或有疏毛；苞片钻形；花冠唇形，长约 1cm，紫红色；相邻两萼筒连合至半，果时全部连合。浆果卵圆形，顶锐尖，红色。花期 6 ~ 7 月，果期 8 ~ 9 月。

紫枝忍冬花紫红，下垂；红果亦下垂，虽较其他忍冬花叶不及其密，但独特的姿色却别具风韵。该花灌木多生于海拔 400 ~ 1700m 的林中、林缘，是台、坡地很好的配置花灌木。见彩图 299。

○ 锦带花[*Weigela florida*（Bunge）DC.]

落叶灌木，高达 3m。枝条丛生，幼枝有两列短柔毛。叶对生，椭圆形、倒卵形或卵状椭圆形，长 5 ~ 10cm，先端凸尖或渐尖，基部近圆形至楔形，边缘有锯齿。聚伞花序生于短枝叶腋和顶端，花大，鲜紫红色；花冠漏斗状钟形，长约 3 ~ 4cm，裂片 5；雄蕊 5，稍短于花冠；萼筒长 12 ~ 15cm，下部合生。蒴果长 1.5 ~ 2cm，顶端有短柄状喙。花期 5 ~ 6 月，果期 7 ~ 8 月。

锦带花枝稠叶密，花淡紫红，密集，且花期长，是极好的观花灌木。该花灌木多生于海拔 1000m 以下的林缘、灌丛、沟谷边及石崖上，是阳坡贫瘠地极好的配置花灌木。见彩图 301。

桔梗科 Campanulaceae

○ 聚花风铃草（*Campanula glomerata* L.）

多年生草本，高 1m 以下。全株有粗毛。根状茎短，横生，有须根。茎直立，单一，不分枝。基生叶倒卵圆形，基部渐狭成长窄翅，长 10 ~ 18cm，边缘有钝锯齿，花期枯萎；茎生叶披针状长圆形或长圆形，长 6 ~ 12cm，宽 1.5 ~ 4cm，先端渐尖或钝尖，两面有粗毛，边缘有不等的钝锯齿；叶无柄。花簇生茎顶和上部叶腋，几无柄，合成疏总状花序，紫红色；花冠钟形，5 齿裂；雄蕊 5；子房下位；萼裂片宽披针形，先端渐尖。蒴果 3 室。花期 7 ~ 8 月，果期 9 月。

聚花风铃草较一般花高、壮，深紫红花大而密集于茎顶，缤纷耀眼。该花广生于海拔 2000m 以下的林缘、灌丛、草地、路旁，是台、坡地很好的配置花草。见彩图311。

菊科Campositae

○ 紫菀（*Aster tataricus* L. f.）

多年生草本，高可达1m以上。茎直立，单一，上部有分枝；表面有沟槽，下部疏生粗毛或无毛，上部密生短毛。基叶丛生，花期枯萎，叶大，篦状长圆形至卵状披针形，先端钝头，基部变细成羽状叶柄，边缘有锯齿，两面均生小刚毛；茎生叶互生，狭长披针形，长5～20cm，宽1～5cm，先端尖，基部渐狭；上部叶渐小。头状花序多数，排列成复伞房状，有长梗，梗上密生短刚毛；总苞半球形；舌状花淡蓝紫色，单性，花冠长14～17mm，宽3～3.5mm；管状花黄色，两性，长约6mm；雄蕊5枚。瘦果扁平，紫褐色。花期8～9月，果期9～10月。

紫菀花的淡蓝紫色舌状花，衬以黄色管状花芯，漂亮而淡雅，尤以花多而密，观花效果极佳。该花多生于海拔1000m以下的山坡、林下、灌丛草甸、路旁，是台、坡地很好的配置花草。见彩图319。

○ 三脉紫菀（*Aster ageratoides* Turcz.）

别名三脉叶马兰。多年生草本，高40～100cm。根状茎粗壮。茎直立，有棱及沟，被柔毛或粗毛，上部有时曲折，有上升或开展的分枝。叶纸质，离基3出脉，侧脉3～4对；下部叶宽卵圆形，具急狭长柄，花期枯萎；中部叶椭圆形或长圆状披针形，长5～15cm，宽1～5cm，顶端渐尖，边缘有3～7对浅或深锯齿；上部叶渐小，有浅齿或全缘。头状花序直径1.5～2cm，排列成伞房状或圆锥状，花序梗长0.5～3cm；总苞倒锥状或半球状，总苞片3层，覆瓦状排列，线状长圆形；舌状花10余个，舌片线状长圆形，长达11mm，紫色、浅红色或白色；管状花黄色，长4.5～5.5cm。瘦果倒卵状长圆形，灰褐色，长2～2.5mm。花期7～9月，果期8～10月。

三脉紫菀淡紫红的舌状花配以金黄色管状花芯，花虽不太密集，但点缀在翠绿色叶中，又以暗红长梗相托，以一种清雅美展示给我们。该花多生于海拔1000m以下的林内、林缘、灌丛及山谷湿地，是台、坡地较好的配置花草。见彩图320。

○ 兴安乳菀（*Galatella dahurica* DC.）

多年生草本，高30～40cm。茎直立坚硬，稍具棱，有微毛，上部分枝。叶线状披针形，全缘，互生。头状花序呈疏伞房状；花直径约3cm，舌状花淡紫或白色，管状花黄色。花期8～9月，果期9～10月。

兴安乳菀花较大，淡紫的舌状花，橙黄的管状花，再配以纤细的绿叶，给人以雅美之感。该花多生于海拔500m以下的林区道旁或阴湿、向阳的荒地，是台、坡地较好的配置花草。见彩图328。

○ 狗娃花[*Heteropappus hispidus*（Thunb.）Less.]

1年或2年生草本，高30～50cm。茎直立，单生或丛生，被上曲或开展的粗毛。叶质薄。基部或下部叶在花期枯萎，倒卵形，长4～13cm，宽0.5～1.5cm，渐狭成长柄，顶端钝或圆形，全缘或有疏齿；中部叶矩圆状披针形或条形，长3～7cm，宽0.3～1.5cm，常全缘；上部叶小，条形。头状花序排列成伞房状，直径3～5cm；总苞半球形，直径10～20mm，总苞片2层；舌状花约30余个，管部长2mm，舌片条状长圆形，浅红色或白色；管状花花冠长5～7mm。瘦果倒卵形，长2.5～3mm。花期7～9月，果期8～10月。

狗娃花矮小密集，清雅娇柔。该花分布较广，从低海拔至冻原带均有分布，是极好的台、坡地配置花卉。见彩图329。

○ 朝鲜一枝黄花（*Solidago virgaurea* L. var. *coreana* Nakai）

别名朝鲜一支蒿。多年生草本，高40～90cm。茎直立，单一，有纵棱或条纹。单叶互生，下部叶柄长，有翅，叶片大；中上部叶渐小，叶形多变，椭圆状披针形或卵圆状披针形。头状花序成复总状；总苞3～4层，淡黄绿色；舌状花黄色雌性；管状花两性；冠毛白色。瘦果线状柱形，冠毛宿存。花期7～8月，果期8～9月。

朝鲜一枝黄花单花小但密集呈复总状，观赏效果尚可。该花多生于海拔1000m以下林下、林缘、灌丛及草甸下，是台、坡地较好的配置花草。见彩图333。

○ 麻叶千里光（*Senecio cannabifolius* Less.）

别名麻叶返魂草。多年生草本，高60～150cm。根状茎歪斜。茎直立，无毛，上部常多分枝。下部叶在花期枯萎；中部叶较大，羽状或近掌状深裂，长10~20cm，宽8~15cm，裂片披针形或条状披针形，渐尖，有密锯齿，侧裂片2或1对，稀3对，较小，叶柄短，基部有2小耳；上部叶小，常不裂，条形。头状花序多数，在茎和枝端排列成复伞房状；总苞筒状，长5~6mm，外有细条形苞叶；总苞片1层，约9个，条状长圆形，背面有疏毛或无毛；舌状花约8~10个，黄色，舌片长圆状条形；管状花多数。瘦果圆柱形，有纵沟，长约4mm。花期8~9月，果期9~10月。

麻叶千里光头状花序，排列成复伞房状，舌状花较少，管状花多数，黄色花映在深绿色披针形长条叶中，清秀雅致。该花多生于海拔1000m以下的林缘、山沟、湿草甸，是台、坡地阴湿地段的较好的配置花草。见彩图355。

○ **关苍术**（*Atractylodes japonica* Koidz. ex Kitam.）

别名枪头菜。多年生草本，高30~60cm。根状茎横走。叶有长柄，三出复叶或3~5羽裂。头状花序顶生，基部有叶状苞片2裂，羽状深裂片刺状；总苞针形，总苞状7~8层；花筒状，花冠白色；柱头2裂。瘦果，冠毛淡黄色。花期8~9月，果期9~10月。

关苍术深绿色叶厚实光亮，雪白的花朵，较长伸出的二裂柱头使花显异样蓬散别致。该花多生于海拔1000m以下的柞树林、杂木林、灌丛、山坡，是台、坡地很好的配置花草。见彩图364。

○ **猫儿菊**[*Achyrophorus ciliatus*（Thunb）Sch.-Bip.]

别名黄金菊。多年生草本，高30~60cm。根部褐色，须根较多。茎直立，有纵沟，密生长毛。根生叶匙状圆形，先端钝或短尖，边缘有不规则锯齿，两面有粗毛；茎生叶长圆形，抱茎，无柄。头状花序单生茎顶，花大，金黄色；总苞钟形；苞片长圆状披针形，先端钝，边缘膜质，有缘毛；全部为舌状花，花筒细长，先端5齿；花药黄色，花柱丝状，柱头2裂。瘦果线形，有纵肋。花期8月，果期8~9月。

猫儿菊花大，金黄耀眼，格外鲜艳，是很好的观花草本。该花多生于海拔1000m以下的阳坡、草甸，是台、坡地很好的配置花草。见彩图380。

百合科Liliaceae

○ 铃兰（*Convallaria keiskei* Miq.）

别名香水花、草玉铃、君影草。多年生草本，高20～30cm。根状茎横走，白色。叶2（3）枚，鞘状抱茎，下部有数枚鳞片；叶片椭圆形或卵状披针形，长7～18cm，宽3～9cm，先端渐尖。花梗由根茎抽出，上部稍弯；总状花序下垂，偏向一侧；苞片膜质，披针形，短于花梗；花梗长6～12mm；花约10朵，下垂，钟状，芳香；花被下部联合，上部6浅裂，裂片三角形，顶端锐尖，白色；雄蕊6，花药基着；子房卵球形，花柱柱状。浆果球形，熟时红色，下垂。花期5～6月，果期8月。

铃兰属矮型花卉，雪白铃铛形小花呈总状花序并下垂，小巧可爱。该花多生于海拔1300m以下的山地针阔混交林或林缘阴湿处，是阴向台、坡地较好的配置花草。见彩图399。

○ 大苞萱草（*Hemerocallis middendorfii* Trautv. et Mey.）

别名大花萱草。多年生草本，高约60cm。根肉质，稍肥厚，须根绳索状。叶基生，质柔软，长线条形，长40～70cm，宽1～1.5cm，上部下弯。花茎从叶丛中抽出，不分枝，与叶近等长；花1～6（9）朵聚生顶端，花梗短；苞片大，广卵形，先端锐尖，长1.8～4cm，宽2～2.5cm；花被6，长6～8.5cm，宽1.5～2cm，金黄色，倒披针形，内花被裂片稍宽，达2.5cm；雄蕊6，略上弯；雌蕊1，花柱线状伸出，上弯。蒴果宽卵形，有棱，长约2cm。花期6～7月，果期7～8月。

大苞萱草花茎粗壮，数朵金黄色大花从条形绿叶中抽出，娇艳挺拔，有极好的观赏效果。该花多生于海拔1000m以下的林缘、山坡、干湿草甸等向阳地方，是向阳台、坡地极好配置花草。见彩图406。

◎ 用野生观赏植物按其习性进行园林配置

目前无论城市绿地、公园植物配置多采用外来品种，如无很好的后期管理与维护，其后期效果都很难与设计初衷相吻合。野生观赏植物本身就为乡土植物，只要按适宜环境进行合理配置，生命力强是它最大的优势。在长期的自然环境中造就了它无论冰冻与酷热，或旱或涝，都会随春风吹又生。它和那些栽培品种相比，更是不用年复一年地播种、栽植。为此，特挑选了一些观赏价值较高且适应性强的野生花木作为代表，使其在园林配置中具有一定的可操作性，易达预期效果。

草地（草坪）的配置

草坪可采用一些观赏价值较高、可铺设于空旷场地或适于阴湿园地等各种环境覆盖地面的多年生野生草本和低矮丛生、紧密的灌木来配置，这也是一个既经济又省工的途径。

在较为阴湿的环境，如小区阴面草地及公园林缘、池畔，理想的野生花草较向阳、干旱的场地种类更为丰富。在草坪周围或边沿可选用宽叶薹草（*Carex siderosticta*）镶边。宽叶薹草叶宽而翠绿，绿叶期达180天；外观平整而厚实，虽为莎草之类，但不逊于色艳的彩花，给草坪镶边唯它最佳。在草坪的内部可以按自然式栽播不同季相、不同色彩的草花或矮灌木。例如早春4~5月有盛开白花的多被银莲花（*Anemone raddeana* Regel）；盛开着鲜黄花朵的侧金盏（*Adonis amurensis* Regel et Radde.）、莓叶委陵菜（*Potentilla fragarioides* L.）、东方堇菜（*Viola orientalis* W. Bckr.）；还有泛着粉红的樱草（翠南报春）（*Primula patens* Turcz.）、箭报春（*Primula fistulosa* Turkev.）、猪牙花（*Erythronium japonicum* Decne.）和淡紫的鲜黄莲［*Jeffersonia dubia*（Maxim.）Benth.］。待6~7月，有东方草莓（*Fragaria orientalis* Losina-Losinsk.）、白车轴草（*Trifolium repens* L.）、山酢浆草（*Oxalis acetosella* L.）依然以白花绽放；唯有猫儿菊［*Achyrophorus ciliatus*（Thumb）Sch. Bip］金光灿灿显得格外耀眼。进入夏末秋初，深粉的野火球（*Trifolium lupinaster* L.）和蓝紫的龙胆（*Gentiana scabra* Bunge）算是来结束草坪的花季了。

如若给宽阔的草坪配置花草，尤其是那些向阳、干旱的薄地，也可选择相适应的种类。在那些封闭、物业管理较好的空旷地，可考虑配置单一的金色草地或银色草地。白花蒲公英（*Taraxacum sinicum* Kitag.）、异苞蒲公英（*Taraxacum heterolepis* Nakai.）以其生命力强、花期长（5~8 月）覆盖地面大而成为较好的草坪配置品种。该花白天开放，呈现出金色、银色的一片，可称是金色草地和银色草地；待到傍晚，它花瓣合拢，便又巧妙地变成绿色草地。只是该种既可药用，又是很受人欢迎的绿色食品，如不加看管和维护是坚持不到最后的。如无可能配置成单一的草坪，亦可将 4~5 月绽开白花的獐耳细辛（*Hepatica nobilis* var. *asiatica* Nakai）；5~6 月泛着淡紫色的斑叶堇菜（*Viola variegata* Fisch. ex Link）；6~7 月有着鲜红色彩的山丹（*Lilium pumilum* DC.）；5~8 月不断开花的白花蒲公英（*Taraxacum sinicum* Kitag.）、异苞蒲公英（*Taraxacum heterolepis* Nakai）自然地混栽一片。期间还可散栽一些喜阳耐瘠薄的矮小亚灌木——百里香（*Thymus mongolicus* Ronn.）。她茎匍匐平卧，叶、花虽小但密集成片，加上 6~7 月的粉红小花也很诱人，可算是组建阳面草坪的小明星了。

花境的配置

在宽阔草坪的中央、街心绿地或倚墙一面均可以不同花色、花期的多种草本、乔灌木配置成高低错落、色彩丰富的花境。在宽阔草坪内中央稍偏的位置可配置一些稍高的乔木树种。如可群植长白松[*Pinus sylvestris* L. var. *sylvestriformis*（Taken.）Cheng et C.D.Chu]，她不仅气势恢弘，更有翠绿的针叶衬着金黄斑驳的树干，可算是一种很好的背景树了。依傍着她可以栽植一些白桦（*Betula platyphylla* Suk.）、西伯利亚杏（*Prunus sibirica* L.）、色木槭（*Acer mono* Maxim.）等亚乔木作为主景树。作为下部则可散栽一些灌木类花木，如山刺玫（*Rosa davurica* Pall.）、毛樱桃（*Prunus tomentosa* Thunb.）等。在宽阔草坪临接道路一侧，要考虑游人视距效果，花境的设置不能远离道路60m左右（长白松高可达30m）。在这样一个宽阔草坪中，冬季有苍翠的长白松，还有雪白的桦树干相衬；秋季有色木槭的红叶；春、夏之际便有山刺玫、毛樱桃、西伯利亚杏的粉红或白色花朵盛开。

街心绿地一般阳光充裕而干旱、瘠薄，但也可以挑选一些相适应的野生花木配置小型花境。借助较大奇石，陪栽一些红瑞木（ *Cornus alba* L.）、锦带花 [*Weigela florida* (Bunge) DC.] 作为背景。主景可自然配置兴安圆柏（爬地松）[*Sabina davurica* (Pall.) Ant.]、土庄绣线菊（ *Spiraea pubescens* Turcz. ）。其他则可以一些1年或2年生十字花科的香芥（ *Hesperis trichosepala* Turcz. ）、小花花旗竿（ *Dontostemon micranthus* C. A. Mey. ）、糖芥（ *Erysimum amurense* Kitag. ）作为填充。白花蒲公英（ *Taraxacum pseudoalbidum* Kitag. ）可用来镶边。这样的花境虽体量小，但内含丰富。从春天到夏天就先后有淡紫红、白色、金黄、粉红的花朵竞相开放；秋天就可见红瑞木的红叶；冬季，到处是白雪覆盖，这时血红的红瑞木枝杆干翠绿的兴安圆柏可以填补这一观赏的空白。

自然山水园的配置

在园林中，主要构成因素和环境特色是以绿色植物为第一位，而自然山水园更离不开绿色植物配置。自然山水园将把我们这些终日圈在喧闹而浑浊的城市中解救出来，让我们以更充沛的精力迎接新的挑战，从而还我们一个清新自如的大自然。野生花木的巧妙配置，是为自然山水园达此目的的极佳途径。自然山水园可挖湖堆山；亦可利用原地形，改旧貌变新颜，换为我们理想的休闲地。有山有水，自然就可以依其自然地形配置相适应的花草树木。

在自然山水园向阳坡上可栽植既姿态优美又耐干旱瘠薄的赤松（ *Pinus densiflora* Sieb.et Zucc. ）。赤松具褐红斑纹的树皮，婀娜多姿的枝干，四季常青，叶绿干红，是向阳而瘠薄地带难得的园林树种。在近缓坡、谷地一带则可引栽长白松[*Pinus sylvestris* L.var. *sylvestriformis* (Taken.) Cheng et C.D.Chu]。长白松为长白山独有树种，高大挺拔，枝条横展，更有金黄斑驳的树干和四季常青的翠绿针叶，将给山水园带来恢弘而瑰丽的容貌，迎来八方游客。在这高大乔木之下亦可引栽一些向阳而又耐阴的亚乔木、灌木和花草。如山杨（ *Populus davidiana* Dode ）、白桦（ *Betula platyphylla* Suk ）、西伯利亚杏（ *Prunus sibirica* L. ）、色木槭（ *Acer mono* Maxim. ）；毛樱桃（*Prunus tomentosa* Thunb）、山刺玫（*Rosa davurica* pall.）、迎红杜鹃（*Rhododendron mucronulatum* Turcz）、锦带花[*Weigela florida*（Bunge）DC.]；头石竹（*Dianthus barbatus* L. var. *asiaticus* Nakai）、白鲜[*Dictamnus albus* L. var. *dasycarpus*（Turcz.）T. N. Liou et Y. H. Chang]及百合科的大苞萱草（*Hemerocallis middendorfii* Trautv.et Mey.）、毛百合（*Lilium dauricum* KEr-Gawl）、山丹（细叶百合）（*Lilium pumilum* DC.）等。经以上野生花木的配置，四季除有常青的赤松、长白松展示她浓绿针叶外，更有雪白的白桦和净雅的山杨树干来衬托她斑驳多彩的枝干，显得格外耀眼夺目。秋季可赏色木槭的红叶和山刺玫的红果。在春夏之际，会有各种花草以白、红、橙、黄、紫及各种过渡色彩的花朵先后开放。

在自然山水园的阴坡面可栽植东北红豆杉（*Taxus cuspidata* Sieb.et Zucc.）东北红豆杉四季叶绿，枝干褐红，秋季还挂有点点红果，是一种不可多得的观赏树木。在阴湿山坡还可栽植黄花落叶松（长白落叶松）（*Larix olgensis* Henry）。黄花落叶松虽然是松科落叶树种，但如自然块植，会显出干净利落的群体美。待秋冬来临，叶色渐变，先绿渐黄，终以金黄的秋叶来迎接冬天，几乎是一种被人遗忘的美。亚乔木中天女木兰（*Magnolia sieboldii* K. Koch）、花楸[*Sorbus pohuashanensis*（Hance）Hedl.]、紫花槭（假色槭）[*Acer pseudo-sieboldianum*（Pax）Kom.]、东北槭（白牛槭）（*Acer mandshuricum* Maxim.）等比较适合配置于阴坡地段。该林下可种植一些耐阴的花灌草，如大字杜鹃（*Rhododendron schlippenbachii* Maxim.）、金银忍冬[*Lonicera maackii*（Rupr.）Maxim.]、黄花忍冬（*Lonicera chrysantha* Turcz. subsp. *chrysantha*）、丝瓣剪秋罗[*Lychnis wilfordii*（Regel）Maxim.]、芍药（*Paeonia lactiflora* Pall）、橐吾[*Ligularia sibirica*（L.）Cass]、垂花百合（*Lilium cernum* Kom.）等。适合阴坡配置的花木虽不如阳坡种类那么丰富，但东北红豆杉的四季常青，黄花落叶松和各种槭树金黄、樱红的秋叶，更有春夏之交白、红、黄、橙、紫的花朵盛开，俨然也是值得一游的景地。

在自然山水园若有大片湿地，可自然成片或散栽一些驴蹄草（*Caltha palustris* L. var. *sibirica* Regel）、长瓣金莲花（*Trollius macropetalus* Fr. Schmidt）、短瓣金莲花（*Trollius ledebouri* Rchb.）、千屈菜（*Lythrum salicaria*

L.)、山梗菜（*Lobelia sessilifolia* Lamb.）、红轮狗舌草（红轮千里光）[*Tephroseris flammea*（Turcz. ex DC.）Holub.]、雨久花（*Monochoria korsakowii* Regel et Maack.）、溪荪（*Iris sanguinea* Donn ex Horn.）、玉蝉花（*Iris ensata* Thunb.）、燕子花（*Iris laevigata* Fisch. et C. A. Mcy.）等湿地花卉不仅种类多，而且色彩丰富，从春至夏会有金黄、橙红、紫红等一些颜色十分艳丽而强烈的花朵先后绽放，尤其是山梗菜、雨久花等花期甚至可延至秋天。

　　自然山水园可设置浅水型水塘，如若是深不超1m的静水水塘，可选栽荇菜[*Nymphoides peltata*（S. G. Gmel.）O. Kuntze]。荇菜为多年生水草，叶小而似莲叶，待8~9月会从叶腋下开出鲜黄色花朵，花径可达4cm。荇菜的观赏效果虽不如莲花和睡莲，但目前莲花和睡莲早已成为栽培品种，进入各城市公园池塘，在增添自然山水园的野趣方面就以她莫属了。在长白山的夏秋之际，她灰绿的莲叶密密连成一片，其中绽出无数鲜黄花朵，也算是一方美景了。

　　目前野生观花植物资源丰富，有些种类可以就地挖取，有些种子亦可进行收购。利用时只要顺其自然，掌握该种生态习性的幅度进行适当配置，则可以保持长期稳定性，是一个事半功倍的捷径。但就地取材时，理应注意适当挖取，挖大留小，保护种源，切忌"杀鸡取卵"。另外，还可以开展引种、栽培工作，对一些观赏、实用价值较高的野生观赏植物或加以成片保护，使其蔓延生长成片；或采种、插枝予以栽培，建立一个繁殖基地。要充分利用野生资源，一方面要切记只能在保护的基础上加以利用；另一方面，殊知这项工作起步尚晚，头绪很多，困难不少。总之，为了更好地挖掘野生观赏植物的潜力，让它在园林配置上充分发挥优势，就必须把保护工作放在重要位置，为把大地装点更美而牢记这一神圣宗旨。

　　综上所述，野生观花植物不仅种类多，色泽也十分丰艳，拥有这样一个观赏资源宝库是我们的骄傲与幸福！这有待于我们园林工作者予以重视和提高认识。野生观赏植物如用于园林设计中，在公园建设、专类园及花径、花境的配置方面都会起到事半功倍的效果；在丰富种质资源、奠定栽培花卉的基础和实现人们生活水平不断提高而要求返璞归真回归自然的愿望都很有实际意义。为保护地球，美化环境，我们共同努力吧。

长白山珍稀濒危植物及其保护

长白山特殊的地理位置、气候条件和海拔高度，浓缩了欧亚大陆北半部，从中温带到北极寒带几千公里的生物景观，有着丰富多样的植物资源。目前已经发现的野生物种有2750多，构成了一座天然博物馆和基因库。在维护优化生态环境中发挥着不可替代的作用。长白山为中国十大名山之一，其核心部分的长白山自然保护区，于1980年1月10日被联合国教科文组织列为国际"人与生物圈保护网"，确定为世界自然保留地。联合国教科文组织生态司顾问普尔教授说："像长白山这样保存完好的森林生态系统，在世界上是少有的，她不仅是中国人民宝贵的财富，也是世界人民的宝贵财富。"

随着现代林业的不断发展，林业由单纯采伐业发展为全面发挥森林多功能、多效益的多种产业的复合产业及公益事业，森林多功能开发利用已成为全球共同的发展趋势。自1998年实施天然林保护工程以来，森林资源和生态环境得到了明显的改善，同时也推动了生态旅游、木本药材、工艺制创等产业的发展。一方面是一些林分经过保护和人工促进更新措施已形成较完整的森林生态系统，物种多样性得到了一定程度的恢复；另一方面，随着多产业的发展，人为活动的频频增加，生物多样性又在逐渐降低，许多物种正濒临灭绝。生物多样性保护已成为全球关注的重大问题，保护珍稀濒危物种是当前的迫切任务。基于以上，我们特列举长白山区珍稀濒危植物种类及形态特征和生境于下，以便让更多的有心之人参与到这一神圣的保护任务之中。

○ 松杉灵芝（*Ganodera tsugae* Murr.）

别名铁杉灵芝，属多孔菌科。菌盖半圆形、肾形或扁形，木栓质地；盖面平滑，扁平或微凸，有油漆光泽的皮壳，具不明显环辐状纹，初卵黄色，后呈红褐色；菌肉木栓质，厚达1cm，分为2层；菌柄常侧生，与菌盖成直角。孢子卵形，双壁，密布微细突起。

松杉灵芝多寄生或腐生于阔叶树及落叶松干基、露根、倒木、枯树干基部等处。中国东北、华东、中南、西南、河北、山西亦有分布；其中东北的吉林长白山区各市、县有分布。该种为吉林省第一类保护植物。见彩图452。

○ 温泉瓶尔小草（*Ophioglossum thermale* Kom.）

别名尖头瓶尔小草，属瓶尔小草科。多年生草本。高7～20cm。营养叶单生或2～3叶自基部出生，有柄，长约2～6cm；单叶，倒披针形或阔卵状披针形，微肉质，稍厚，叶端钝或微突，基部楔形，渐狭或成长柄，全缘，叶柄网状。孢子囊穗线状，高出营养叶，先端稍尖，扭转，长1～2cm；孢子囊15～20对，孢子苍白色，近平滑。

温泉瓶尔小草生长于吉林长白山区海拔1750～1800m之间的温泉附近及高山地区。中国东北其他地区、华北、华东、西南亦有分布。该种被定为国家二级保护珍稀濒危植物。见彩图453。

○ 分株紫萁（*Osmunda cinnamomea* L. var. *asiatica* Fernald.）

别名桂皮紫萁、薇菜，属紫萁蕨科。多年生草本，高达1m。根状茎粗短，斜生或直立。叶2型：营养叶长40～60cm，具长柄，长圆状披针形，羽状深裂，有锈褐色茸毛；孢子叶长30～40cm，宽2～3cm，具长柄，渐狭，密生锈色茸毛，羽状深裂，沿叶脉两侧密生褐色孢子囊。

分株紫萁多生长于海拔1000m以下的林下、灌丛、湿地内。中国东北、华北、西南；其中东北的吉林长白山区各市、县分布较多；朝鲜、日本亦有分布。该种为吉林省第三类保护植物。见彩图454。

○ 对开蕨（*Phyllitis japonica* Kom.）

别名日本对开蕨、东北对开蕨，属铁角蕨科。常绿草本，高25～50（70）cm。根状茎短粗，横卧或斜升。叶（3）5～8（14）枚簇生，叶片革质，上面绿色，光滑，下面淡黄绿色，疏生淡棕色小鳞片；叶片1型，条状披针形，长15～45cm，宽3～5cm，先端短渐尖，基部略变狭，深心形，两侧圆耳状下垂；中肋明显，叶上面略下凹，下面隆起，棕色，侧脉不明显，2回2叉，从中肋向两侧平展，顶端有膨大水囊，不达叶缘；叶柄长10～20cm，粗2～3mm，棕色，连同叶轴疏被鳞片，淡棕色。孢子囊群成对生于两侧脉相邻小脉一侧，仅分布在叶片中部以上。

对开蕨多生长于海拔700～1100m的落叶阔叶混交林下。吉林长白山区的抚松、长白、浑江、集安、通化、桦甸有少量分布；朝鲜、俄罗斯远东地区、日本亦有分布。该种被定为我国第一、第二批珍稀濒危植物。见彩图455。

○ **长白松**[*Pinus sylvestris* L.var. *sylvestriformis* （Taken.）Cheng et C.D.Chu]

别名长白赤松、长果赤松、美人松，属松科。常绿乔木，高可达32m，胸径可达100cm。树干通直，树冠扁卵形或伞形等多种形状。干基部树皮棕褐色或灰褐色，深沟纵裂，由多层薄片组成；中上部棕黄色或金黄色，裂片薄纸质，有光泽，微反曲。侧枝平展或斜上，小枝向上，1年生枝黄褐色或绿褐色，2年生枝灰褐色。叶2针1束，直或微扭曲，幼树和老树差异较大。雌雄同株，雄球花长卵形，多数，淡黄色或粉红色；雌球花单生或2～4聚生，卵圆形，暗紫红色，生新梢顶端。当年生球果近球形或卵圆形，绿色或淡褐色，第2年成熟，球果卵圆状塔形，灰绿色或褐绿色。

长白松仅生长于长白山北坡海拔600～1400m的二道白河、三道白河沿岸的红松阔叶林和针叶林中。该树种为长白山特有种，被定为我国第一、第二批珍稀濒危植物。见彩图456。

○ **朝鲜崖柏**（*Thuja koralensis* Nakai）

别名长白侧柏，属柏科。常绿小乔木或灌木，高可达15m，胸径可达75cm。树冠圆锥形。老树皮灰红褐色，浅纵裂，幼树皮红褐色，平滑，有光泽。枝条平展或下垂，当年生枝绿色，3～4年生枝灰红褐色。叶鳞形，中央叶近斜方形，先端微尖或钝，下方有明显或不明显的纵脊状腺点，侧面叶船形或宽披针形，先端钝尖，内弯、长与中央叶相等或稍短；小枝上面鳞叶绿色，下面鳞叶被白粉。雄球花卵圆形，黄色。球果椭圆状球形，熟后深褐色。

朝鲜崖柏多生长于海拔700～1800m的山坡、山谷、山脊或裸露岩石缝中。吉林长白山区安图、长白、抚松有分布，朝鲜北部亦有分布。该树种系长白山植物区系特有种，被定为我国第一、第二批珍稀濒危植物。

○ 东北红豆杉（*Taxus cuspidata* Sieb. et Zucc.）

别名紫杉、赤柏松、米树，属红豆杉科。常绿乔木，高可达20m，胸径可达1m。树皮红褐色，浅裂纹。枝平展或斜伸，密生；小枝基部有宿存芽鳞，1年生枝绿色，秋后淡红褐色。叶2列，斜上，条形，直，稀弯曲，先端突尖，基部窄，上面常绿色，有光泽，下面有2条灰绿色气孔带。单性花，雌雄异株，着生于前年枝叶腋。果实坚果状圆卵形，有杯状红色假种皮，有光泽，长约6mm。

东北红豆杉多散生于海拔500～1600m的红松阔叶林或针叶混交林内的山脊陡坡、缓坡、谷地。吉林长白山区各市、县有散生，中国黑龙江、辽宁及朝鲜、俄罗斯远东地区、日本亦有分布。该种为吉林省一类保护植物。见彩图457、458。

○ 胡桃楸（*Juglans mandshurica* Maxim.）

别名山核桃，属胡桃科。落叶乔木，高可达20m。树冠阔卵形。树皮灰色或暗灰色，浅纵裂。枝粗壮，髓心片状分隔，1年生枝有腺质细毛，皮孔隆起。奇数羽状复叶互生，小叶9～17，长圆形或卵状长圆形，长6～18cm，宽3～7cm，先端短渐尖，边缘有短锯齿。雌雄同株，雄柔荑花序下垂，先叶开放；雌柔荑花序顶生，直立，与叶同放；小花5～10朵。果实核果状，卵形，长4～6cm，绿色。

胡桃楸生长于海拔1100m以下的平缓坡及沟旁、土壤肥沃、湿润和排水良好的山谷缓坡。我国东北吉林长白山区各市、县有分布；朝鲜、俄罗斯远东地区亦有分布。该树种被定为我国第一、第二批珍稀濒危植物。见彩图459。

○ 钻天柳 [*Chosenia arbutifolia*（Pall.）A. Slv.]

别名上天柳、顺河柳、朝鲜柳，属杨柳科。落叶乔木，高可达30m，胸径可达1m。树冠圆柱形。树皮浅褐灰色，不规则纵裂。小枝黄色或红色，无毛，有白粉。单叶互生，叶宽卵状披针形，长4～8cm，宽1～2cm，先端渐尖，基部楔形，两边无毛有白粉，上面灰绿色，下面黄白色，近全缘。叶柄长 5～7mm，有白粉。柔荑花序先叶开放，雄花序下垂，长 1～3cm；雌花序直立或倾斜，长 1～2.5cm。

钻天柳多生长于海拔1600m以下的江、河沿岸石砾地。吉林长白山区各市、县有少量分布，我国黑龙江、内蒙古等省（自治区）及朝鲜、俄罗斯远东地区、日本亦有分布。该树种被定为我国第一、第二批珍稀濒危植物。见彩图460。

○ **长白米努草**[*Minuartia macrocarpa*（Pursh.）Ostenf. var. *koreana*（Nakai）Hara]

别名北极米努草，属石竹科。多年生小草本，高约2～10cm。植株密而丛生，主茎平卧分枝。叶线形，微钝，具3脉，叶边缘具纤毛。花顶生；花瓣白色，广倒披针形；萼具短柔毛。种子盘状，周围呈流苏状。

长白米努草生长于高山苔原带低湿处及岩石苔藓地。吉林长白山区安图有分布，朝鲜北部亦有分布。该种为吉林省一类保护植物。见彩图461。

○ **高山石竹** [*Dianthus chinensis* L. var. *morii*（Nakai）Y. C. Chu.]

别名山石竹，属石竹科。多年生草本，高50～60cm。茎直立，无毛，上部分枝。叶条形。花单生或成对生枝顶，或数朵集生成稀疏叉状分歧的圆锥状聚伞花序；花瓣5，粉紫色，顶端深裂成流苏状，基部成爪，有须毛；雄蕊10；花柱2，丝状；萼筒长2.5～3.5cm，花萼下有宽卵形苞片4～6个。蒴果长筒形，顶端4齿裂；种子扁卵圆形，边缘具翅。花期7～8月，果期8～9月。

高山石竹多生长于高山岳桦林下、林缘和路旁。吉林长白山区安图、抚松、长白等市、县有少量分布，朝鲜北部亦有分布。该种为吉林省一类保护植物。见彩图462。

○ **天女木兰**（*Magnolia sieboldii* K. Koch）

别名天女花、山牡丹、小花木兰，属木兰科。落叶小乔木，高5～15m。树皮灰褐色，小枝淡黄灰色。叶互生，革质，椭圆状倒卵形，长6～23cm，宽4～10cm，先端突尖，基部圆形或宽楔形，全缘；有短柄，柄上密生短柔毛。花生于新枝叶腋，浓香，花大，直径7～10cm，花梗长4～8cm，密生短柔毛；花瓣6，倒卵形，二轮排列，白色；萼片3。聚合果窄椭圆形，长3～5cm，粉红色，熟时开裂。花期6～7月，果期9月。

天女木兰多生长于海拔200～1200m的杂木林中。吉林省长白山区集安、浑江、通化等市、县有分布，中国辽宁、广西、安徽、江西、浙江及朝鲜、日本亦有分布。该树种被定为我国第一、第二批珍稀濒危植物。见彩图463。

○ 长白乌头[*Aconitum tschangbaischanense*（S. H. Li et Y. H. Huang）]

别名蒿叶乌头，属毛茛科。多年生草本，高50～80cm。茎圆筒状，茎近直立，下部无毛。叶多裂，再细裂似蒿叶状。总状花序生于茎顶，多花；花梗被伸展毛；心皮5，无毛。花期7～8月，果期9月。

长白乌头多生长于针叶林、岳桦林内、林缘或高山苔原带。我国东北地区吉林长白山区安图、抚松有分布；朝鲜北部亦有分布。该种为吉林省一类保护植物。见彩图464。

○ 高山乌头（*Aconitum monanthun* Nakai）

别名单花乌头，属毛茛科。多年生草本，高可达40cm。茎细弱单一或分枝，微具细棱，无毛。叶五角状近圆形，直径4～7cm，3～5深裂。下部的茎生叶叶柄基部扩大抱茎，叶柄较上部叶长。花单生至聚伞状总状花序，着生茎顶，花大，上萼片盔帽状，高2.5～3cm；雄蕊多数，花药基部宽，心皮3～4，无毛。蓇葖果长1.5～2.5cm，宽3～4mm。花期7～8月，果熟期9月。

高山乌头多生长于海拔1400～2500m的高山冻原或火山灰陡坡或山顶草甸。吉林长白山区抚松、安图有分布，为长白山特有种；朝鲜北部亦有分布。该种被定为我国第一、第二批珍稀濒危植物。见彩图465。

○ 侧金盏花（*Adonis amurensis* Regel et Radde.）

别名冰凌花、福寿花、冰凉花、冰顶花，属毛茛科。多年生草本，高达30cm。根茎横走，须根密生，黑褐色；茎单一，或由茎部分枝，茎基有淡褐色膜质鳞片，稍抱茎。叶花后发育，三角状卵形，3回羽状分裂，裂片披针形或线状披针形，无毛，具长柄。花单生茎顶，直径3～4cm；花瓣10～20，先端钝圆，金黄色；雌蕊由多数心皮组成，螺旋排列，子房有柔毛；雄蕊多数。萼片长圆形或倒卵状长圆形，与花瓣近等长，上端具微波状锯齿，内侧黄色，外侧淡紫绿色。聚合瘦果近球形，花柱宿存。花期4～5月，果期5～7月。

侧金盏花多生长于海拔300～900m的阔叶林、阔叶红松林内、林缘、灌丛、山坡。中国东北、华北，其中东北的吉林长白山区各市、县有分布；朝鲜、日本亦有分布。该种为吉林省二类保护植物。见彩图466。

○ 匍枝银莲花（*Anemone stolonifera* Maxim）

别名匍匐银莲花，属毛茛科。多年生草本，高15～25cm。根状茎粗短，具细长匍匐茎。基生叶2～4，有长柄，柄长10～20cm，叶3～5全裂，裂片再分裂成多数线状小裂片。花2朵；花莛上部被短柔毛；苞片3，轮生，有柄，长1～2cm；花梗长2～5cm；萼片5，卵形或椭圆形，白色；雄蕊长3～4mm；心皮8，花柱短，外弯。花期4～5月，果期5～6月。

匍枝银莲花多生长于林内及苔原带。中国东北、台湾，其中东北的吉林长白山区安图、抚松有分布；朝鲜、日本亦有分布。该种为吉林省一类保护植物。见彩图467。

○ 高山铁线莲（*Clematis nobilis* Nakai）

别名苔原铁线莲、大瓣铁线莲，属毛茛科。多年生亚灌木，高可达2.5～3m。茎圆柱形，浅褐色。二回三出复叶，叶柄长3～5cm；小叶片卵形，羽状分裂，具少数缺刻状齿；侧生小叶有短柄，基部偏斜。单花，生于叶腋处；花钟状下垂，紫红色；萼片披针形，蓝紫色，退化雄蕊钻形，先端钝匙形。瘦果。花期6～7月，果期7～8月。

高山铁线莲多生长于岳桦林下和高山苔原带。中国东北吉林长白山区安图、抚松有分布；朝鲜北部亦有分布。该种为吉林省一类保护植物。见彩图468。

○ 长白金莲花（*Trollius japonicus* Miq.）

别名山地金莲花、金梅草，属毛茛科。多年生草本，高40～80cm。全株无毛。茎有纵棱，疏生3～4叶；基生叶2～3，长30cm以下，叶片近五角形，长4～6cm，宽8～11cm，叶柄长8～25cm；茎生叶较小，具短柄或无柄。花单生或2～3组成聚伞花序，直径4～5cm；花瓣状蜜叶比雄蕊短或近乎等长，先端圆钝；萼片6。花期6~7月，果期7~8月。

长白金莲花多生长于长白山高寒地带及岳桦林下。中国东北吉林长白山区安图、抚松、长白有分布；朝鲜北部亦有分布。该种为吉林省一类保护植物。见彩图469。

○ 芍药（*Paeonia lactiflora* Pall.）

别名赤芍，属芍药科。多年生草本，高40~80cm。根纺锤状或圆柱状肥大，红褐色。茎圆柱形，近顶部分枝，基部有鞘状鳞片，后落。叶互生，二至四回三出复叶，有柄，长约7cm；小叶长圆形，先端渐尖，基部楔形，叶缘细锯齿。花顶生或腋生，大型，花梗长，无毛；有叶状苞片；花瓣白色或粉红色，常10枚，倒卵形；雄蕊多数，花药黄色；心皮2~5，无毛；萼片4，绿色或紫色，宿存；蓇葖果，长1.5~2.5cm，宽0.8~1.2cm，先端钩状弯曲；种子近球形。花期5~7月，果期7~8月。

芍药多生长于海拔1100m以下的山坡、灌丛及山沟中。中国东北、华北、西北，其中东北的吉林长白山区各市、县有分布；朝鲜、俄罗斯远东地区亦有分布。该种为吉林省一类保护植物。见彩图470。

○ 齿瓣延胡索（*Corydalis turtschaninovii* Bess.）

别名线裂东北延胡索，属罂粟科。多年生草本，高10~30cm。茎为球状块茎，外被栓皮层棕黄或黄褐色，味苦麻。叶二回三出深全裂，终裂片线形或长圆状线形，先端尖。总状花序密集，花蓝色或蓝紫色；花冠唇形，4瓣，2轮，基部连合；雄蕊6枚，每3枚成1束；雌蕊1枚，扁圆柱形，花柱细长。蒴果扁柱形；种子细小，黑色，扁肾形。花期4~5月，果期5~6月。

齿瓣延胡索多生长于海拔1100m以下杂木林中、林缘、河漫滩及溪沟边。吉林长白山区各市、县均有分布，朝鲜、俄罗斯远东地区亦有分布。该种为吉林省三类保护植物。见彩图471。

○ 圆叶南芥（*Arabis coronata* Nakai）

别名高山南芥，属十字花科。多年生低矮小草本，高8~16cm。茎柔弱斜生，匍匐生根，被毛。基生叶有柄，卵形或卵状椭圆形，全缘，稀具疏牙齿；中部及下部茎生叶卵状椭圆形，基部下延或楔形叶柄；上部叶片倒披针形或线形，具疏锯齿。总状花序顶生；花白色；花瓣长约4～5mm，狭长圆形；有长、短雄蕊；子房具短柄，花柱基短，柱头2浅裂；萼片绿色或淡紫蔷薇色。长角果水平开展，线形扁平。花果期6～7月。

圆叶南芥多生长于高山冻原、高山林下湿地、林缘、草丛。中国东北的吉林长白山区安图、抚松有分布；朝鲜北部、俄罗斯远东地区亦有分布。该种为吉林省一类保护植物。见彩图472。

○ **钝叶瓦松** [*Orostachys malacophylla*（Pall.）Fisch]

别名宽叶瓦松，属景天科。2年生草本，高约15cm。第1年仅有莲座叶，短圆形至卵形，顶端钝，无刺尖，灰绿色，叶缘呈暗红色；第2年生出花茎，高10～30cm。茎生叶互生，匙状倒卵形，较莲座叶大，长达7cm，先端有短尖。总状花序生于茎顶，花紧密，无梗，白色；雄蕊10，较花瓣稍长，花药黄色；心皮5。蓇葖果卵形。花期8～9月，果期9～10月。

钝叶瓦松多生长于海拔2000m以下海岸沙丘、多石质干山坡、石碴子及高山草地。我国东北三省、内蒙古、河北，其中东北的吉林长白山区各市、县有分布；俄罗斯远东地区、日本亦有分布。该种为吉林省一类保护植物。见彩图473。

○ **长白红景天**（*Rhodiola angusta* Nakai）

别名乌苏里景天，属景天科。多年生草本，高约15cm。茎直立，绿白色；茎基上部被鳞片状叶；叶互生，肉质，披针形至线状披针形，全缘或先端有1～3个粗齿，无柄。伞房花序顶生，密集；雌雄异株，雄花具退化子房；花瓣4，长圆状披针形或宽披针形，长约3mm，黄色或黄绿色；雄蕊比花瓣长，花药黄色；心皮4；花萼4，长披针形，长约1mm，红色。蓇葖果披针形，先端锐尖。花期6～7月，果期7～8月。

长白红景天多生长于海拔1700～2600m的岳桦林下、林缘和高山冻原带。我国东北、华北、西藏、新疆，其中东北的吉林长白山区安图、抚松、长白有分布；亚洲西部、欧洲、北美洲亦有分布。该种为吉林省一类保护植物。见彩图474。

○ **高山红景天**（*Rhodiola sachalinensis* A. Bor.）

别名卧茎红景天、红景天、库叶红景天，属景天科。多年生草本，高

15～30cm。茎直立，通常绿白色。叶互生，叶片长椭圆形、倒披针形至宽卵圆形，长1.5～2cm，宽3～6mm，先端急尖或渐尖，全缘或疏平齿，无柄。雌雄异株。伞房花序顶生，密集；花瓣4，长圆状披针形或宽披针形，长约3mm，先端钝，黄色或黄绿色；雄花中雄蕊比花瓣长，花药黄色；心皮4；花萼4，长披针形，长约1mm，先端钝，黄绿色。蓇葖果4，披针形，先端锐尖，长约6～8mm。花期6～7月，果期7～8月。

　　高山红景天多生长于海拔1700～2500m的高山草地、岳桦林下及沟旁岩石附近。我国东北、华北、西藏、新疆，其中东北的吉林长白山区安图、抚松、长白有分布；亚洲西部、北部和欧洲、北美洲亦有分布。该种被定为我国第一、第二批珍稀濒危植物。见彩图475。

　　○ 山荷叶 [*Astilboides tabularis*（Hemsl.）Engler]

　　别名大叶子、佛爷伞，属虎耳草科。多年生草本，高1.5cm。根茎粗壮肥厚，横走，皮黑褐色，有少须根。茎单一，下部生短硬毛。基生叶大，近圆形或卵圆形，直径15～50（100）cm，两面有短硬毛，先端渐尖或急尖，基部浅心形，边缘有小牙齿，叶柄长达60cm；茎生叶1，似基生叶，较小，叶柄短，基部扩大成鞘状抱茎。圆锥聚伞花序顶生，长20～25cm；花小，多数，白色微带紫色；花瓣4～5，倒卵状圆形；雄蕊8；花萼钟形，长约2.5mm，萼裂片4～5，宽卵形。蓇葖果长5mm。花期7～8月，果期9月。

　　山荷叶多生长于海拔500～1500m山坡林下。吉林长白山区抚松、长白、和龙有分布；朝鲜北部亦有分布。该种被定为我国第一、第二批珍稀濒危植物。见彩图476。

　　○ 东北绣线梅（*Neillia uekii* Nakai）

　　别名绣线梅，属蔷薇科。落叶灌木，高1～1.5m。茎直立，多分枝，树皮灰褐色，剥裂。小枝黄褐色，疏生星状短毛。叶互生，卵圆形或狭卵形，长4～8cm，宽3～6cm，先端尾尖或渐尖，基部浅心形或近圆形，边缘有重锯齿，上面光滑无毛，下面沿叶脉有疏生毛，叶柄长3～6mm，有短柔毛。总状花序顶生，长4～6cm，花序轴有毛，花梗长约3mm，有腺毛；花钟形，长约6mm；花瓣近圆形，较萼片长，白色；萼筒绿色，密生星状毛，萼片5。果卵圆形，深褐色。花期5月，果期8～9月。

东北绣线梅多生长于向阳坡地或石质沟塘。吉林长白山区集安等地有分布，我国辽宁及朝鲜亦有分布。该种被定为我国第一、第二批珍稀濒危植物。

○ **宽叶仙女木**（*Dryas octopetala* L. var. *asiatica* Nakai）

别名仙女木，属蔷薇科。常绿匍匐半灌木，高10cm以下。叶薄革质，椭圆形或近圆形，长0.5～1.3cm，宽0.4～0.8cm，边缘具缺刻状大圆齿，背面密生白茸毛，羽状叶脉明显深嵌。花单生，直径2cm左右，花梗直立，长约2cm，有白棉毛；花瓣8～9片，比萼片长，白色；雄蕊多数。花期7月，果期8月。

宽叶仙女木生长于长白山高山冻原带。吉林长白山区安图、抚松、长白等县有分布。该种为吉林省一类保护植物。见彩图477。

○ **玫瑰**（*Rosa rugosa* Thunb.）

别名徘徊花，属蔷薇科。落叶灌木，高达2m，枝条丛生，粗壮，密被柔毛，有皮刺及刺毛。奇数羽状复叶，连柄长5～22cm；小叶5～9，椭圆形或椭圆状倒卵形，长2～5cm，宽7～14mm，先端急尖或微钝，基部楔形或圆形，边缘有锐锯齿，上面有光泽，叶脉深陷，有皱纹，下面被茸毛，网脉隆起。花单生或3～6簇生，直径8～12cm；花瓣5，宽倒卵形，鲜紫红色，芳香。果扁球形，平滑，砖红色，直径2～2.5cm。花期6～8月，果期8～9月。

原生玫瑰生长于海拔300m以下的沙滩上。吉林长白山区仅在珲春市敬信乡沙滩上有少量分布，我国辽宁及朝鲜、俄罗斯远东地区、日本亦有分布。该种被定为我国第一、第二批珍稀濒危植物。见彩图478。

○ **山楂海棠**[*Malus komarovii*（Sarg.）Rehd.]

别名薄叶海棠、山苹果，属蔷薇科。落叶小乔木，高2～5m。树干平滑无刺，直立或弯曲，有节瘤。小枝灰红褐色。叶互生或于短枝上簇生，叶长4～8cm，3～5掌状浅裂或较深，先端渐尖或急尖，基部心形，裂片宽卵形或长圆状卵形，边缘有锐细锯齿，叶柄长1～3cm，被柔毛。伞形花序生于枝顶，有花5～10朵，花瓣倒卵形或近圆形，花柱3～4。果近球形或椭圆形，直径8～12mm，橘红色，果先端开裂，果梗长约1.5cm。花期6月，果期8～9月。

山楂海棠多生长于海拔1000～1300m的针阔混交林或针叶林内、林缘或疏林地、灌丛及林间空地。吉林长白山区长白、抚松等地有零星分布；朝鲜北部亦有分布。该种被定为我国第一、第二批珍稀濒危植物。

○ 东北扁核木（Prinsepia sinensis）

别名扁担胡子、金刚木，属蔷薇科。落叶灌木，高2～3m。树皮灰色，髓呈片状，分枝多，枝有刺。叶互生，长圆状卵形或长圆状披针形，先端锐尖。花1～2簇生于叶腋，直径1.2～1.8cm；花瓣5，黄色，有香味；雄蕊8～20；子房1室，花柱侧生于子房基部，萼片三角状卵形。核果球形至卵圆形，直径1.5～2cm，与果梗等长，鲜红色；核坚实扁平，浅棕色，长12mm，宽10mm，有皱纹。花期4～5月，果期8～9月。

东北扁核木多生长于海拔500～900m的河沟旁、灌丛中。吉林长白山区各市、县有散生，我国黑龙江及朝鲜、俄罗斯远东地区亦有分布。该种暂未归入保护或珍稀濒危植物之列，但因其木质坚硬、有黄褐花纹；扔于水中即沉底，是林区人们凡见必伐的珍奇花灌木，应当予以保护，否则有灭绝的危险。见彩图479。

○ 兴安黄耆[Astragalus dahuricus（Pall.）DC.]

别名达乌里黄耆，属豆科。1年生或2年生草本。茎直立，具显著的沟棱，被白色疏柔毛。奇数羽状复叶，小叶13～17（19）枚，长圆形，两端稍狭而尖，稀为披针形或近椭圆形。总状花序腋生，花红紫色，长10～14mm。荚果线形，长2～2.5cm，宽2～2.5mm，成镰状弯曲，2室。花期7～8月，果期8～9月。

兴安黄耆生长于山坡草地、砂质地、河岸、草甸，吉林长白山区通化、和龙、汪清、珲春等市、县有分布，中国东北、华北及朝鲜、俄罗斯远东地区亦有分布。该种为吉林省第二类保护植物。见彩图480。

○ 野大豆（Glycine soja Sieb. et Zucc.）

别名小落豆秧，属豆科。1年生缠绕草本。茎细弱，有倒生褐色长毛。羽状复叶，具长柄；托叶卵状披针形，有毛；小叶3枚，顶生小叶卵圆形或卵状椭圆形，长2～5cm，宽1.5～3cm，先端急尖或钝圆，基部近圆形，全缘，两面均有白色短柔毛；侧生小叶卵状椭圆形。总状花序腋生，花小；苞披针形；花梗密生黄色长硬毛；萼钟状，有黄色长毛；花柱短，向一侧弯曲。荚果矩形，两侧稍扁，长约3cm。花期7~8月，果期8~10月。

野大豆生长于湿草甸、坡地、林缘、灌丛、荒野。中国东北、华北、华东、中南，其中东北的吉林长白山区各市、县有分布；朝鲜、俄罗斯远东地区、日本亦有分布。该种为吉林省第二类保护植物。见彩图481。

○ 黄檗（*Phellodendron amurense* Rupr.）

别名黄菠萝，属芸香科。落叶乔木，高15~20m。树皮浅灰色，有深沟裂，木栓层厚而柔软，内皮鲜黄色。小枝黄褐色，有明显的马蹄叶痕。奇数羽状复叶，对生；小叶5~13，卵状披针形，长5~11cm，宽2~4cm。聚伞状圆锥花序，花小，黄色或黄绿色，雌雄异株；花瓣5，长圆形，黄白色，微香；雄蕊5，与花瓣互生，比花瓣长，花后伸出花瓣外；萼片5，卵状三角形。浆果状核果，初时橘黄色，熟后黑色，有特殊气味。花期6月，果期9月。

黄檗生长于海拔200~1200m的低山坡林中、河岸、谷地肥沃湿润而排水良好的地方。我国东北、内蒙古、河北，其中东北的吉林长白山区各市、县有分布；朝鲜、俄罗斯远东地区和日本亦有分布。该树种被定为我国第一、第二批珍稀濒危植物。见彩图482。

○ 刺参（*Oplopanax elatus* Nakai）

别名东北刺人参，属五加科。落叶多刺灌木，高约1m，偶达3m。小枝灰色，密生针状直刺，刺长约1cm。叶片薄纸质，近圆形，直径15~30cm，掌状5~7裂，裂片三角形或阔三角形，上面无毛或疏生刚毛，下面沿脉有短柔毛，边缘有锯齿，齿有短刺和刺毛，侧脉和网脉两面均明显。花序腋生于近顶部，由许多小伞形花序总状排列于主轴上，长约12~25cm，棕黄褐色，密生刺毛；小伞形花序基部有鳞片状总苞；花梗长约1cm，花白绿色；花瓣、萼片、雄蕊各5；花柱2，基部合生，长约3mm。果实球形，直径7~12mm，黄红色；宿存花柱4~4.5mm。

刺参生长于海拔1300~1900m的落叶阔叶林、针叶林和岳桦林下的肥沃低洼地段。吉林长白山区的通化、长白等市、县有分布；朝鲜、俄罗斯远东地区亦有分布。该种被定为我国第一、第二批珍稀濒危植物。见彩图483。

○ 人参（*Panax ginseng* C. A. Mey.）

人参，属五加科。多年生草本，高40～60cm。主根肉质，圆柱形或纺锤形，须根细长，根状茎短，上有茎痕和芽苞。茎单1，直立。掌状复叶，轮生茎顶，小叶3～5，中部叶片大，卵形或椭圆形，长3～12cm，宽1～4cm，先端渐尖，基部楔形，边缘有细尖锯齿，上面沿中脉疏生刚毛。伞形花序顶生，花小；花瓣5，淡黄绿色；雄蕊5，花丝短，花药球形；子房下位，2室，花柱1，柱头2裂；花萼钟形，萼齿5。浆果状核果，扁球形或肾形，熟时鲜红色。花期6～7月，果熟期9～10月。

人参生长于海拔400～1100m的阔叶林内，郁闭度高、土壤疏松、肥沃、排水良好、腐殖质层深厚的山地暗棕色森林土为适宜地。中国东北的吉林长白山区安图、抚松、靖宇、长白、浑江、敦化、汪清、珲春等地有散生；朝鲜、俄罗斯远东地区亦有分布。该种被定为我国第一、第二批珍稀濒危植物。见彩图484。

○ 岩茴香[*Tilingia tachiroei*（Franch. et Sav.）Kitag.]

别名岩香丝菜，属伞形科。多年生草本，高10～45cm。根茎短，有时分歧。根肥厚直长。茎单一或数个簇生，具细棱。基生叶多，有长柄，叶片卵形至广三角形，三至四回三出羽状全裂，最终裂片丝状线形；茎生叶1～4枚，中下部叶与基生叶相似，上叶简化，叶柄全部成狭鞘状抱茎。复伞形花序少数，径2～4cm，总苞片3～7，线状披针形；伞梗6～11，近等长；小伞形花序具10余花；花瓣白色，内折呈倒卵状心形，基部具短爪。双悬果卵状椭圆形。花期7～8月，果期8～9月。

岩茴香生长于高山冻原、高山草地、山顶石缝间及林下岩石上。吉林长白山区安图、抚松、长白有分布；朝鲜、日本亦有分布。该种为吉林省一类保护植物。见彩图485。

○ 细叶杜香（*Ledum palustre* L.）

别名白山茶，属杜鹃花科。常绿小灌木，高40～50cm。上部分枝多而细，树皮通常为灰褐色。单叶互生，革质，狭线形，长1.5～3.0cm，宽1.5～2.5mm，叶表面绿亮，背面密生褐色茸毛，叶缘外卷。伞形花序生于枝顶，花多数；花冠5，深裂，白色，小花直径0.8cm；雄蕊10；花柱宿存。蒴果卵形。花期6～7月，果期7～9月。

细叶杜香生长于海拔700～1300m的泥炭藓类沼泽中或落叶松林缘、湿润山坡。中国东北的吉林长白山区安图、抚松、靖宇、浑江、柳河、长白、和龙等市、县有分布；朝鲜亦有分布。该种为吉林省一类保护植物。见彩图486。

○ **松毛翠**[*Phyllodoce caerulea*（L.）Babingt]

别名高山松毛翠，属杜鹃花科。常绿小灌木，高10～30cm。根状茎匍匐，地上枝斜生。幼枝褐色。芽小。叶革质，密生于茎上，互生，线形，长5～10mm，宽约1mm，边缘具微毛状细锯齿，深绿色，有光泽。花单生或2～5朵着生枝顶；花冠罐状，红色或粉红色，花梗细长，萼片5，披针形，有腺毛。蒴果直立，几为球形。花期7月，果期8月。

松毛翠生长于长白山高山冻原带，可直至海拔2400m。中国东北、新疆，其中东北的吉林长白山区安图、抚松、长白有分布；朝鲜、俄罗斯远东地区、日本、北美洲、欧洲极北地区亦有分布。该种被定为我国第一、第二批珍稀濒危植物。见彩图487。

○ **牛皮杜鹃**（*Rhododendron chrysanthum* Pall.）

别名牛皮茶，属杜鹃花科。常绿小灌木，高10～30cm。根茎横生，侧枝斜生。叶革质，倒披针形或倒卵形，长2.5～8cm，宽1～3.5cm，顶端钝或圆，基部楔形，边缘外卷，上面有皱纹，下面无毛或脉上有疏毛。顶生伞形花序，有花5～8朵，大型；雄蕊10；花梗直立，长3cm，有毛；花萼小，花冠宽钟状，裂片5，大小不等，淡黄色。蒴果短圆形，5裂。花期5～7月，果期8月。

牛皮杜鹃生长于海拔1700～2400m的岳桦林带和高山冻原带，在1200m左右的针叶林也有小面积分布。中国东北三省及内蒙古，其中东北的吉林长白山区安图、抚松、长白有分布；朝鲜、俄罗斯远东地区、日本亦有分布。该种被定为我国第一、第二批珍稀濒危植物。见彩图488。

○ 苞叶杜鹃（*Rhododendron redowskianum* Maxim.）

别名云间杜鹃，属杜鹃花科。常绿小灌木，高15～20cm。老枝匍匐，小枝直立。单叶互生或簇生，倒卵形、倒披针形，长5～8cm，叶缘腺状毛密生。花单生于枝端，粉红色，径约2cm，具苞叶；花冠具5个裂片，裂片椭圆形，顶端钝圆或微凹缺；雄蕊10，花丝基部和花柱均有柔毛。蒴果卵形被毛。花期7月，果期8月。

苞叶杜鹃生长于高山冻原带，高山顶部、湿润石质山坡。中国东北的吉林长白山区安图、抚松、长白有分布；朝鲜、俄罗斯远东地区、北美洲亦有分布。该种为吉林省一类保护植物。见彩图489。

○ 毛毡杜鹃（*Rhododendron confertissimum* Nakai）

别名毛杜鹃，属杜鹃花科。常绿小灌木，高10～30cm。分枝多，茎枝匍匐。幼枝被鳞毛。单叶互生，集生于枝顶，革质，椭圆形或卵状椭圆形，顶端多为钝圆，长8～15mm，全缘，上面黄褐色，被鳞毛，下面褐色。伞形花序生于枝端；花冠漏斗形，径10～15mm，红紫色。蒴果卵形，被鳞毛。花期6～7月，果期7～8月。

毛毡杜鹃生长于长白山高山冻原带。中国东北的吉林长白山区安图、抚松、长白有分布；朝鲜亦有分布。该种为吉林省一类保护植物。见彩图490。

○ 水曲柳（*Fraxinus mandschurica* Rupr.）

别名曲柳，属木犀科。落叶乔木，高20～30m。幼枝四棱形，对生，淡绿色，无毛，有明显皮孔。奇数羽状复叶，对生，小叶7～13，卵状披针形，长7～16cm，宽2～5cm，顶端叶大，下面叶小，先端长渐尖，基部楔形或宽楔形，近无柄。圆锥花序腋生，花序轴有窄翅；花单性，雌雄异株，无花冠。翅果长圆状披针形，扭曲略扁平，长3～4cm。花期5～6月，果期9月。

水曲柳生长于海拔300～1100m山地缓坡林间及小溪沟畔。中国东北、华北，其中东北的吉林长白山区各市、县有分布；朝鲜、俄罗斯远东地区、日本亦有分布。该树种被定为我国第一、第二批珍稀濒危植物。见彩图491。

○ 白山龙胆（*Gentiana jamesii* Hemsl.）

别名山龙胆，属龙胆科。多年生草本，高5～20cm。茎直立。具匍匐枝。叶长圆形，长7～20mm，宽4～7mm，无柄，基部抱茎。花1～3，顶生；花冠筒状钟形，长25～30mm，蓝紫色，裂片5，卵形；雄蕊5，花药箭头状；子房具长柄，柱头2裂；萼筒状，7～10mm，5齿。蒴果伸出花冠外。花期7～8月，果期8～9月。

白山龙胆生长于高山草地、草甸、岳桦林下。中国东北、西北，其中东北的吉林长白山区安图有分布；朝鲜、俄罗斯远东地区亦有分布。该种为吉林省一类保护植物。见彩图492。

○ 并头黄芩（*Scutellaria scordifolia* Fisch. ex Schrank.）

别名大黄芩，属唇形科。多年生直立草本，高12～60cm。茎棱上疏被上曲的微柔毛，或近无毛。叶具短柄，三角状狭卵形，长1.5～3.8cm，宽0.5～1.5cm，上面无毛，下面沿脉上疏被小柔毛，具多数凹腺点。花单生于茎上部叶腋内，花冠蓝紫色，长2～2.2cm，花冠筒基部前方浅囊状膝曲，下唇中裂片圆状卵形；雄蕊4，2强；花盘前方隆起；偏向一侧；花萼长3～4mm，盾片高约1mm。小坚果椭圆形，具瘤，腹面近基部具果脐。花期7～8月，果期8～9月。

并头黄芩生长于向阳草地、草坡、湿地、草甸。中国东北、华北、西北，其中东北的吉林长白山区安图、和龙等市、县有分布；朝鲜、俄罗斯远东地区、日本亦有分布。该种为吉林省三类保护植物。见彩图493。

○ 海滨柳穿鱼（*Linaria japonica* Miq.）

海滨柳穿鱼属玄参科。多年生草本，高25cm以下。茎直立，多分歧。叶对生或3～4轮生，椭圆状披针形，长2～5cm，宽2～6mm，全缘，靠上部叶通常互生，渐短。总状花序顶生，密集；花淡黄色，下唇喉部突出一金红色小包。花期6～8月，果期7～9月。

海滨柳穿鱼生长于海拔100m以下的江岸、向阳、湿润且透水好的沙滩。吉林长白山区内分布范围较窄，仅在珲春市敬信乡的图们江岸沙滩上有生长，朝鲜、日本亦有分布。该种尚未列入国内珍稀濒危和保护植物之类，但该种系矮小密集型草本花卉，其观赏价值较同属植物柳穿鱼

（*Linaria vulgaris* Hill）胜过数倍。它零星地分布于图们江旅游线路旁，极具灭绝的危险，应列入保护之列。见彩图494。

○ 狭叶山萝花 [*Melampyrum setaceum*（Maxim.）Nakai]

别名窄叶山萝花，属玄参科。直立小草本，高15~50cm。植株疏被鳞片状短毛。茎常多分枝，近四棱形。叶片狭长，条形至条状披针形，宽3~8mm，顶端渐尖；苞叶紫红色或绿色，披针形，顶端渐尖，整个近缘具刺毛状长齿。花冠紫色、紫红色或红色，筒部长为檐部长的2倍左右，上唇内面密被须毛。蒴果卵形。花期7~8月，果期8~9月。

狭叶山萝花生长于疏林下、林缘、林间草地、灌丛。中国东北、华北、华东、华中，其中东北的吉林长白山区各市、县有分布；朝鲜、俄罗斯远东地区、日本亦有分布。该种为吉林省一类保护植物。见彩图495。

○ 长白婆婆纳（*Veronica stelleri* Auct.）

别名白山婆婆纳，属玄参科。多年生草本，高5~20cm。茎直立或斜生，不分枝，有长柔毛。叶4~7对，无柄，卵形至卵圆形，长1~2cm，宽0.7~1.5cm；边缘有浅刻或锯齿，疏被柔毛。总状花序疏花，长仅1~2.5cm，被腺毛；雄蕊略伸出；苞片全缘；花萼裂片披针形或椭圆形；花冠蓝色或紫色，长5~7mm。蒴果倒卵形，长6mm，宽6mm；种子卵圆形，长1mm。花期5~6月，果期6~7月。

长白婆婆纳生长于高山苔原带、高山草甸。中国东北的吉林长白山区安图、抚松、长白有分布；朝鲜、俄罗斯远东、日本亦有分布。该种为吉林省一类保护植物。见彩图496。

○ 展枝沙参（*Adenophora divaricata* Franch. et Sav.）

别名泡沙参，属桔梗科。多年生草本，高40~100cm。根胡萝卜形。茎无毛或有疏柔毛，有白色乳汁。茎生叶3~5枚轮生，无柄；叶片菱状卵形至菱状圆形，长4~10cm，宽2~4.5cm，叶缘有锐锯齿。圆锥花序塔形；花序下部分枝轮生，中部以上分枝互生；花下垂；花冠蓝紫色，钟状，花盘圆筒状，长约2mm；萼裂片披针形，长5~10mm。花期8~9月，果期9~10月。

展枝沙参生长于山坡湿草地、杂木林下、林缘草地。中国东北、华北，其中东北的吉林长白山区各市、县有分布；朝鲜、俄罗斯远东地区、日本亦有分布。该种为吉林省三类保护植物。见彩图497。

○ 长白蜂斗菜[*Petasites saxatilis*（Turcz.）Kom.]

长白蜂斗菜属菊科。多年生草本，高约40cm。主根不明显，密生须根，黑褐色。叶基生，肾形或心形，长约3cm，宽约9cm，先端圆形，基部心形，边缘具不等长牙齿，下面沿脉被柔毛，叶柄长达12cm。花茎具线状披针形无柄小叶，长达3cm，宽达0.9cm，先端尖，近全缘。雌雄异株，头状花序，多数；雌株花序密生于茎顶端，成总状聚伞形，总苞片2层，近等长，长椭圆形，顶端钝，花冠细丝状，白色；雄株花冠筒状，5齿裂，裂齿披针形，急尖，黄白色。瘦果线形，白色。花期7~8月，果期9月。

长白蜂斗菜生长于海拔1300~2300m的山坡、沟旁、疏林、林缘的湿润地段。吉林长白山区安图、抚松、长白等有分布。该种被定为我国第一、第二批珍稀濒危植物。

○ 平贝母（*Fritillaria ussuriensis* Maxim.）

别名平贝，属百合科。多年生草本，高30~80cm。鳞茎由2~3肥厚鳞片组成，圆形、白色，有须根。茎直立，光滑。叶生于茎1/3以上，下部叶轮生，上部叶对生或互生，条形至披针形，长7~14cm，宽3~7mm，先端卷须状，全缘，无柄。花1~3朵，生于茎上部叶腋，下垂；花梗2~3cm；花钟形，花被6，长圆状倒卵形，钝头，长2~3.5cm，宽约1.5cm，外面蓝紫色，内面有方格状黄色斑点；雄蕊6，比花被片短，花药黄色；雌蕊1，子房棱柱形，柱头3裂。蒴果柱形，有6棱。花期5月，果期6月。

平贝母生长于海拔200~800m阔叶混交林和针阔混交林下、林缘、草甸及沟谷旁。中国辽宁、黑龙江、吉林长白山区各市、县有分布；朝鲜、俄罗斯远东地区亦有分布。该种被定为我国第一、第二批珍稀濒危植物。见彩图498。

以上我们列举了我国50种珍稀濒危及吉林省各类保护植物名录的形态特征和生境条件，但这仅仅是长白山区2750多种野生植物中属于观赏树木、花草类型中的极少部分。我们仅从这一小窗口就可以发现问题的严重性。有的种类因其药用价值高而受到掠夺式的采挖，有的人几乎用竭泽而渔的手法，毫不留余地。类似人参、平贝母、东北红豆杉等就是典型的受害对象；还有些种类因其工艺价值高而遭到见株必伐的待遇。如东北红豆杉、东北扁核木等就属于该类型；更有位于各旅游线路两侧，因其艳丽的花朵给人们带来欢快愉悦的感受而遭到采摘。如珲春—防川游图们江滩的原生玫瑰、海滨柳穿鱼和长白山旅游线路的高山石竹、高山红景天、松毛翠、毛毡杜鹃等因为她们艳丽可爱，猎奇者并不会因其生长环境恶劣而怜悯放过，偶尔也会见机采摘。

随着人们生活水平的提高，对生活质量的追求，对药食同源的认可，甚至在繁忙的工作之余，欲离开浑浊的城市生活，而扑向大自然的欲望越来越强烈。这虽是一个可以理解的事实，但务必要遵循利用在保护的前提下开展，保护则在利用的基础上发展这一原则。一个物种的灭绝也许会在你不经意的举动间产生，但这个物种的产生却要历经若干年甚至不复存在。据《1997世界保护联盟受威胁植物红色名录》记载，其中有33798种属，占地球12.5%或1/8的维管植物受到灭绝性的威胁。这个惊人的数据同样给我们敲响警钟，无论何时何地都要将保护意识铭刻在脑海中，罗列以上珍稀濒危植物名录也正出于这一宗旨。树立真正的保护意识，虽往往指向个人，但政府部门也应为此有所作为。保护机构的健全、尽责；科研机构为抢救、繁育可列入更深层的课题；旅游业的发展更应将保护措施和宣传诱导列为首务；保护区尽量避免单驾旅游。2016年国家对天然林的商业性采伐发出了禁伐令，这是那些濒危植物的福音，也更增添了我们的信心。让我们为拯救、保护一切濒危植物、维护完整的地球生态链而共同努力！

主要参考文献

孙可群，等. 花卉及观赏树木栽培手册[M]. 北京：中国农业出版社，1985.

涂英芳，等. 长白山野生观赏植物[M]. 北京：中国林业出版社，1993.

傅沛云，等. 东北植物检索表[M]. 北京：科学出版社，1995.

蔡顺清，等. 养花技术500问[M]. 上海：上海科学技术出版社，1995.

吴应祥，等. 中国兰花[M]. 北京：中国林业出版社，1996.

卢思聪. 中国兰与洋兰[M]. 北京：金盾出版社，1997.

王宏志，等. 中国南方花卉[M]. 北京：金盾出版社，1998.

柏广新，等. 中国长白山野生花卉[M]. 北京：中国林业出版社，2003.

张炳福，等. 养兰绝招[M]. 福州：福建科学技术出版社，2007.

唐学山，等. 园林设计[M]. 北京：中国林业出版社，2008.

张远能. 花卉[J]. 广东花卉杂志社，2010-2015.